해와 달과 별이
뜨고 지는 원리

해와 달과 별이 뜨고 지는 원리

2판 2쇄 발행 2022년 4월 1일

글쓴이　박석재
일러스트　강선욱

펴낸이　이경민
펴낸곳　(주)동아엠앤비
출판등록　2014년 3월 28일(제25100-2014-000025호)
홈페이지　www.dongamnb.com
주소　(03737) 서울특별시 서대문구 충정로 35-17 인촌빌딩 1층
전화　(편집) 02-392-6901　(마케팅) 02-392-6900
팩스　02-392-6902
전자우편　damnb0401@naver.com
SNS　

ISBN 979-11-6363-034-0 (03440)

해와 · 달과 · 별이

박석재 지음

뜨고 지는 원리

블랙홀 박사 박석재가 그림으로
설명하는 천체의 운동

동아엠앤비

해와 달과 별이 뜨고 지는 원리는 과학이기 이전에 상식이다. 하지만 그 내용이 결코 쉽지 않아서 초·중·고 선생님들 모두 교육의 어려움을 실토하고 있다.

모든 자연과학이 다 그렇듯이 해와 달과 별이 뜨고 지는 원리도 암기해서 해결되지 않는다. 바로 전날 외워서 시험보고 다음날 잊어버리는 식의 학습 방법은 절대로 통할 수도 없고 또 통해서도 안 된다. 그런 방법으로 공부하면 선생님이 칠판에 원을 많이 그렸다는 기억밖에 남지 않는다.

저자는 어린 시절부터 천구를 이해하기 위해서 많은 시간을 투자해왔고 천문학자가 되고 나서도 수많은 선생님들에게 연수를 제공했다. 그리하여 저자만의 독자적이고 체계적인 해와 달과 별이 뜨고 지는 원리를 구성해 이렇게 책으로 내놓았던 것이다.

이 책은 쉬운 내용으로 출발해 점점 더 어려워지도록 구성돼 있으며 철저하게 독자의 이해를 요구하고 있다. 따라서 앞부분을 이해하지 못하면 뒷부분도 이해할 수 없게 구성돼 있다. 또한 암기할 내용은 거의 없다고 해도 과언이 아니다. 독자는 내용을 읽은 즉시 QUESTION을 통해 자기가 얼마나 이해했는지 확인할 수 있고 EXERCISE를 통해 다시 한 번 내용을 반추할 기회를 갖게 될 것이다.

아무쪼록 이 책이 학생, 일반, 아마추어 천문가들이 우주의 신비를 즐기는 데 기여한다면 저자로서는 더 바랄 나위가 없다.

차례

PART 1
천구의 운동

MOTION OF THE CELESTIAL SPHERE

01 천구와 관측자 • 10

02 천구의 지평 좌표계 • 12

03 천구와 지구 • 14
　　　천구의 북극과 북극성 • 17

04 북극상의 관측자와 천구 • 18

05 적도상의 관측자와 천구 • 20

06 북반구상의 관측자와 천구 • 22
　　　항해하는 배와 북극성의 고도 • 25

07 천구의 일주운동 • 26

08 북극상의 관측자와 천구의 일주운동 • 28

09 적도상의 관측자와 천구의 일주운동 • 30

10 북반구상의 관측자와 천구의 일주운동 I • 32

11 북반구상의 관측자와 천구의 일주운동 II • 34

12 천구의 연주운동 I • 36

13 천구의 연주운동 II • 38

14 천구의 연주운동 III • 42

EXERCISE 풀이 • 45

PART 2
해와 달의 운동

MOTION OF THE SUN AND MOON

15 황도Ⅰ • 48

16 황도Ⅱ • 50
　　황도 12궁 • 55

17 천구의 적도 좌표계 • 56

18 북극상의 관측자와 해의 시운동 • 58

19. 적도상의 관측자와 해의 시운동 • 62
　　해와 달과 별 • 65

20. 북반구상의 관측자와 해의 시운동 • 66
　　일출과 일몰 • 71

21. 달의 시운동Ⅰ • 72
　　달의 표면 • 77

22. 달의 시운동Ⅱ • 78
　　월출과 월몰 • 82

23. 일식 • 84

24. 월식 • 86

25. 달력 • 88

　　EXERCISE 풀이 • 90

PART 3
별의 운동

MOTION OF THE STARS

26 행성의 시운동Ⅰ • 94
　　행성의 이름 • 97

27 행성의 시운동Ⅱ • 98

28 행성의 시운동Ⅲ • 102
　　일월오봉도 • 104
　　오성결집 • 106

29 별의 시운동Ⅰ • 108

30 별의 시운동Ⅱ • 110
　　천상열차분야지도 • 113

31 은하수의 시운동 • 116

EXERCISE 풀이 • 119

부록　간단한 수식으로 이해하는 우주
　1. 뉴턴의 운동 법칙 • 122
　2. 중력 • 128
　3. 천체 역학 • 133

PART 1

천구란 우리 눈에 둥글게 보이는 하늘을 말한다.

지구가 자전하기 때문에 천구는 매일 한 번 회전한다.

그러므로 해와 달과 별은 동쪽에서 떠서 서쪽으로 지게 된다.

이 시운동을 천구의 일주운동이라 한다.

지구는 자전만 하는 것이 아니라 매년 한 번 해를 공전한다.

그러므로 몇 달이 지나면 밤하늘의 별자리는 바뀌게 된다.

이 시운동을 천구의 연주운동이라 한다.

천구의 운동

MOTION OF THE CELESTIAL SPHERE

01 천구와 관측자

천구란 바로 우리 눈에 둥글게 보이는 하늘을 말한다. 천구를 이해하려면 우선 몇 가지 천문학 용어를 반드시 익혀야 한다. 먼저 **지평선**과 **천정**에 관해 알아보자. 천구가 땅과 만난 선을 우리는 지평선이라고 부른다. 물론 우리가 일상생활에서 말하는 '지평선'과 똑같은 것이다. 천구 상에서 관측자의 바로 머리 위를 천정이라고 한다.

동서남북은 항상 관측자가 볼 때 지평선 상에서 오른쪽 방향으로 동 → 남 → 서 → 북 → 동 순서로 배열됨에 유의하자. 동점, 서점, 남점, 북점이란 각각 지평선과 동쪽 방향, 서쪽 방향, 남쪽 방향, 북쪽 방향이 일치하는 점으로 정의한다.

특히 지구의 북극이나 남극에 있는 관측자를 고려할 때는 방향에 유의해야 된다. 예를 들어 지구의 북극 상에 있는 관측자의 경우 북쪽은 물론 동서방향도 없다. 그 관측자는 어느 쪽으로 넘어져도 남쪽으로 넘어지게 된다.

그림 1
천구와 관측자

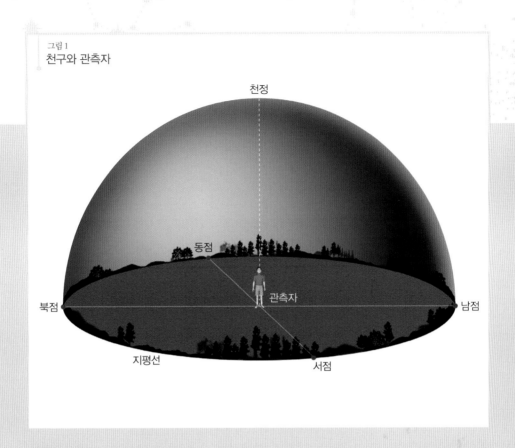

QA

QUESTION 1-1 | OX 문제 | **관측자로부터 천구까지의 거리는 정의되지 않는다. (   )**

ANSWER 1-1 　정답(O)　관측자로부터 천구까지의 거리는 무한대(∞)이다. 따라서 천구면에 있는 두 점 사이의 거리는 각도로만 정의된다.

EXERCISE 1-1　　　　　　　　　　　　　　　　　　　　　　　| OX 문제 |

지구상 어느 점에서나 동서남북 방향이 정의된다. (   )

천구의 지평 좌표계

천구 상 천체의 위치를 지정하려면 우리가 지구상 어느 한 지점을 나타낼 때 **위도**와 **경도**를 쓰듯이 좌표계를 쓰면 편리하다. **지평 좌표계**는 **방위각**과 **고도**로 표기된다. 방위각이란 남점으로부터 서쪽으로 재어간 천체의 각거리를 말한다.

방위각은 흔히 A로 표시되는데 천체가 관측자의 어느 방향에 있는 지를 알려 준다. 고도란 지평선으로부터 천체까지의 각거리를 말한다. 고도는 h로 표시하는데 천체가 지평선으로부터 얼마나 높이 떠 있는가를 알려 준다. 천체와 천정 사이의 각거리를 **천정 거리**라고 하는데 이것은 물론 천체의 고도 h에 의해 $90° - h$로 주어진다.

지평 좌표계를 사용하면 천체를 찾기에는 매우 편리하다. 왜냐하면 (A, h)짝은 '어느 방향으로 얼마나 높이' 보면 그 천체가 있는지 정보를 제공해 주기 때문이다. 그러나 지평 좌표계는 특정 시간에만 유효하다는 결정적인 단점이 있다. 왜냐하면 모든 천체는 시간이 조금만 지나도 이미 그 자리에 더 이상 머무르고 있지 않기 때문이다. 따라서 지평 좌표계는 실제로 그렇게 많이 사용되지 않는다.

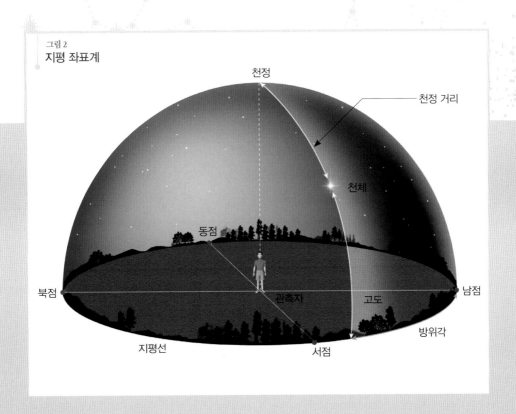

그림 2
지평 좌표계

천정

천정 거리

천체

동점

북점

관측자

고도

남점

방위각

지평선

서점

QUESTION 2-1 　｜OX 문제｜ **지평 좌표계 (A, h)가 (45°, 20°)로 주어진 별 A는 (90°, 10°)로 주어진 별 B보다 더 높이 떠 있다. (　　)**

- -

ANSWER 2-1 　　정답(O) 　　별이 지평선으로부터 얼마나 높이 떠 있는가 하는 점에 대해서는 오로지 고도 h가 결정한다. 별 A의 고도는 $h=20°$, 별 B의 고도는 $h=10°$이므로 별 A가 별 B보다 더 높이 떠 있다.

┌───┐
EXERCISE 2-1 　　　　　　　　　　　　　　　　　　｜OX 문제｜

고도 h는 90°보다 클 수는 없다. (　　)
└───┘

03 천구와 지구

천구를 이해하는 데 있어서 어려운 개념의 하나는 천구의 반지름이 무한대라는 사실이다. 우리는 우리 눈에 보이는 하늘이 구체적으로 몇 km, 몇 광년 떨어져 있다고 말할 수 없다. 이처럼 천구의 반지름은 크기가 무한대이므로 천구 안에 지구를 통째로 집어넣고 생각할 수도 있다.

천구면과 지구의 자전축을 연장한 선이 만나는 두 점을 천구의 **극**이라고 한다. 즉 천구는 **북극**과 **남극**, 두 개의 극을 갖게 된다.

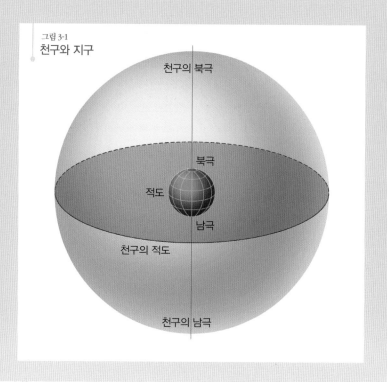

그림 3-1
천구와 지구

천구의 북극

북극

적도

남극

천구의 적도

천구의 남극

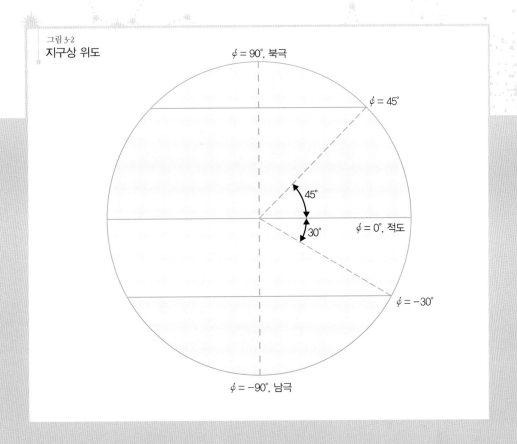

그림 3-2
지구상 위도

$\phi = 90°$, 북극

$\phi = 45°$

45°

30°

$\phi = 0°$, 적도

$\phi = -30°$

$\phi = -90°$, 남극

북극성은 천구의 북극 가까이 있는 별이다. 지구의 적도면이 연장돼 천구와 만나서 그려지는 대원을 천구의 **적도**라고 한다.

우리는 앞에서 천구가 관측자를 기준으로 정의될 수도 있고, 여기에서처럼 지구를 기준으로 정의될 수도 있다는 것을 알았다. 두 정의는 각각 이해하기 쉬우나 문제는 이 두 가지를 어떻게 합하느냐에 어려움이 있다. 이를 위해서는 지구상 여러 곳에 위치하고 있는 관측자의 입장을 고려해야 한다.

관측자의 위도는 흔히 그리스 문자 ϕ(파이)로 나타낸다. 적도는 $\phi = 0°$로 정의되며 북반구는 $0° < \phi < 90°$, 남반구는 $-90° < \phi < 0°$값을 갖는다. 물론 북극은 $\phi = 90°$, 남극은 $\phi = -90°$로 정의된다.

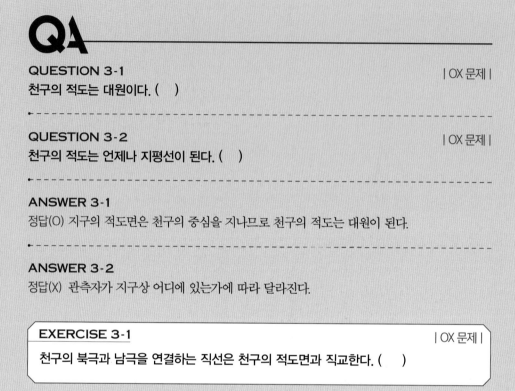

QA

QUESTION 3-1　　　　　　　　　　　　　　　　　　　　| OX 문제 |

천구의 적도는 대원이다. (　　)

- -

QUESTION 3-2　　　　　　　　　　　　　　　　　　　　| OX 문제 |

천구의 적도는 언제나 지평선이 된다. (　　)

- -

ANSWER 3-1

정답(O) 지구의 적도면은 천구의 중심을 지나므로 천구의 적도는 대원이 된다.

- -

ANSWER 3-2

정답(X) 관측자가 지구상 어디에 있는가에 따라 달라진다.

EXERCISE 3-1　　　　　　　　　　　　　　　　　　　　| OX 문제 |

천구의 북극과 남극을 연결하는 직선은 천구의 적도면과 직교한다. (　　)

천구의 북극과 북극성

북극성은 천구의 북극으로부터 약 $\frac{3}{4}^{\circ}$, 즉 약 1°정도 떨어져 있다. 따라서 보통의 경우에는 북극성이 천구의 북극에 있다고 해도 충분히 정확하지만, 정밀함을 요구하는 경우에는 조심해야 한다. 북극성은 큰곰자리 북두칠성과 카시오페이아 자리 사이 중앙에 위치하고 있다. 북두칠성의 끝 두 별을 연장하면 북극성을 쉽게 찾을 수 있다. 이런 까닭으로 그 두 별을 극을 가리키는 별, 즉 **지극성**이라고 부른다.

04 북극상의 관측자와 천구

북극($\phi = 90°$)상의 관측자가 볼 때 천정은 천구의 북극과, 지평선은 천구의 적도와 일치한다. 그림 4에서 천구의 반지름이 무한대이기 때문에 지구의 크기를 무시해도 상관없다는 점에 유의하자. 즉 두 천구의 위쪽 반구는 완전히 같은 것이다.

QA

QUESTION 4-1 | OX 문제 |
북극상의 관측자가 볼 때 북극성은 천정 근처에 오게 된다. (   )

- -

QUESTION 4-2 | OX 문제 |
남극상의 관측자가 볼 때 천구의 적도는 지평선과 직교한다. (   )

- -

ANSWER 4-1
정답(O) 북극상의 관측자가 볼 때 천정은 천구의 북극과 일치한다. 따라서 천구의 북극 근처에 있는 북극성은 천정 근처로 오게 된다.

- -

ANSWER 4-2
정답(X) 남극상의 관측자에 대해서도 천구의 적도는 지평선과 일치하게 된다.

> **EXERCISE 4-1** | OX 문제 |
> 남극상의 관측자가 볼 때 천구의 남극은 천정에 오게 된다. (   )

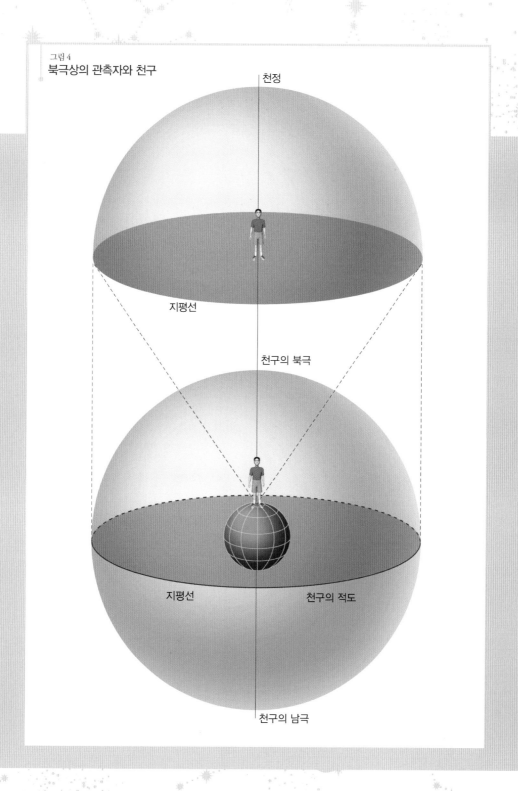

그림 4
북극상의 관측자와 천구

천정

지평선

천구의 북극

지평선 천구의 적도

천구의 남극

05 적도상의 관측자와 천구

적도($\phi = 0°$)상의 관측자가 볼 때 천구의 적도는 동점, 천정, 서점 등 세 점을 지나는 대원이 된다. 따라서 천구의 적도는 지평선과 수직으로 교차한다.

QUESTION 5-1 | OX 문제 |

적도상의 관측자가 볼 때 북극성은 북점 근처에 오게 된다. (   )

- -

ANSWER 5-1

정답(O) 천구의 적도가 동점, 천정, 서점을 지나게 되므로 자연히 천구의 북극은 북점에 오게 된다. 따라서 북극성은 북점 근처에 오게 된다.

EXERCISE 5-1 | OX 문제 |

적도상의 관측자가 볼 때 천구의 남극은 남점에 오게 된다. (   )

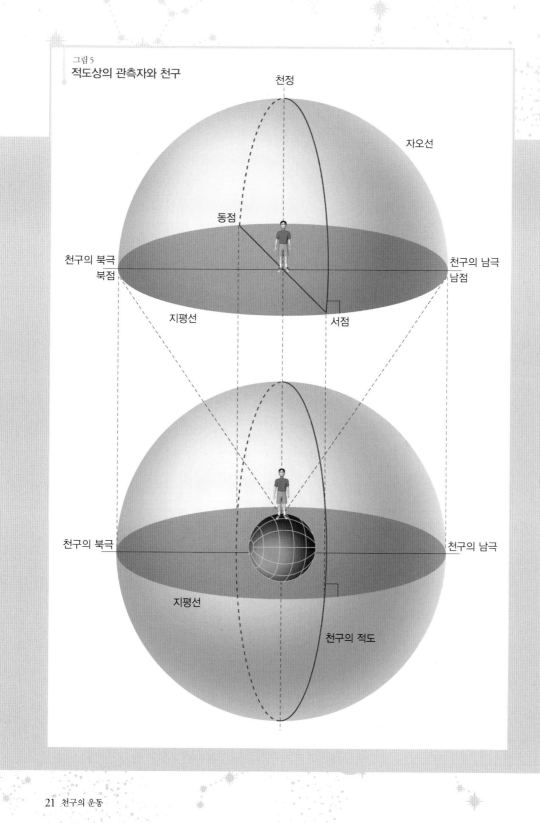

그림 5
적도상의 관측자와 천구

천정

자오선

동점

천구의 북극
북점

천구의 남극
남점

지평선

서점

천구의 북극

천구의 남극

지평선

천구의 적도

북반구상의 관측자와 천구

북반구($0°<\phi<90°$)상의 관측자가 볼 때 천구의 북극 고도는 ϕ 가 된다. 북점, 천정, 남점을 지나는 대원을 **자오선**이라고 하는데, 천구의 적도는 동점, 자오선상에서 천정으로부터 ϕ만큼 남쪽으로 내려간 점, 서점 등 세 점을 지나는 대원이 된다.

천구의 북극 고도는 북극($\phi=90°$)상의 관측자가 볼 때 $h=90°$, 적도($\phi=0°$)상의 관측자가 볼 때 $h=0°$, 북반구($0°<\phi<90°$)상의 관측자가 볼 때 $h=\phi$가 되는 이유는 항해하는 배를 생각하면 이해하기 쉽다.

남반구($-90°<\phi<0°$ $\phi=0$)상의 관측자, 남극($\phi=-90°$)상의 관측자가 보는 천구도 생각해 보자.

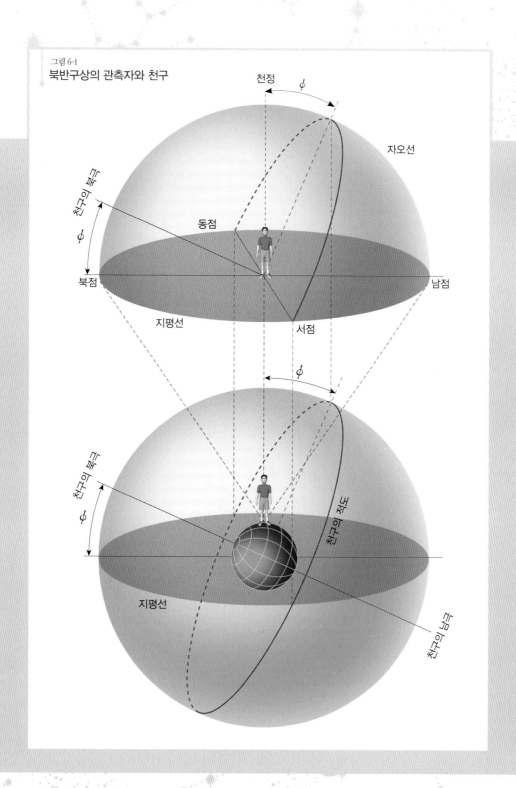

그림 6-1
북반구상의 관측자와 천구

천정

ϕ

자오선

천구의 북극

ϕ

동점

북점

남점

지평선

서점

ϕ

천구의 북극

ϕ

천구의 적도

지평선

천구의 남극

QUESTION 6-1　　　　　　　　　　　　　　　　　　　　| OX 문제 |

북반구(0°<ϕ<90°)상의 관측자가 볼 때 북극성은 북점으로부터 높이가 ϕ인 점 근처에 있다.
(　　)

- -

QUESTION 6-2　　　　　　　　　　　　　　　　　　　　| OX 문제 |

북반구(0°<ϕ<90°)상의 관측자가 볼 때 천구의 적도에서 지평선으로부터 가장 높은 점의 고
도는 ϕ가 된다.

- -

ANSWER 6-1　　　　　　　　　　　　　　　　　　　　　정답(O)

천구의 북극 고도가 ϕ라는 말과 일맥상통하는 말이다.

- -

ANSWER 6-2　　　　　　　　　　　　　　　　　　　　　정답(O)

천구의 적도가 자오선과 만나는 점의 고도는 90°−ϕ가 된다.

EXERCISE 6-1　　　　　　　　　　　　　　　　　　　| OX 문제 |

남반구(−90°<ϕ<0°)상의 관측자가 볼 때 천구의 남극은 자오선상에서 남점으로부터 고도
−ϕ인 점에 오게 된다. (　　)

항해하는 배와 북극성의 고도

항해하는 배가 북반구($0° < \phi < 90°$)상에 있으면 북극성의 고도는 ϕ가 된다. 만일 배가 적도 지방에 있으면 북극성은 지평선에 있어 보이지 않는다. 배가 북극에 있으면 북극성은 바로 천정으로 오게 된다.

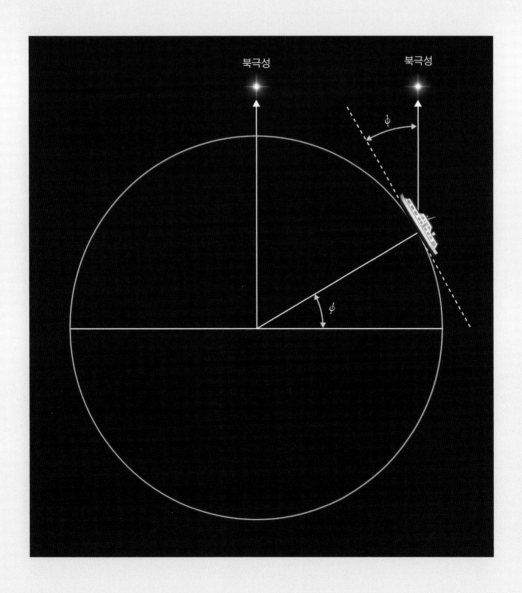

천구의 일주운동

지구는 서쪽에서 동쪽으로 **자전**하므로 천구는 상대적으로 동쪽에서 서쪽으로 하루에 한 번씩 회전하게 된다. 천구의 **일주운동**이란 바로 이러한 천구의 상대적 시운동을 말한다.

천체가 자전하는 방향을 향해 오른손으로 감싸면 직각으로 편 엄지손가락 방향은 북쪽이 된다.

우리는 어렸을 때부터 해와 달과 별들이 동쪽에서 떠서 서쪽

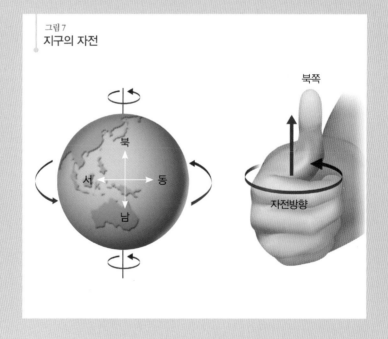

그림7
지구의 자전

으로 지는 현상을 보아 왔기 때문에 각 천체들이 천구 상에서 운동한다고 생각하기 쉽다. 즉 천구는 그대로 있는데 천체들이 제각기 서쪽으로 움직이는 것으로 받아들이기 쉽다는 말이다. 바로 이점이 천체의 일주운동을 이해하는 데 결정적인 장애가 된다.

이제부터는 일단 천체들이 천구에 '박혀' 있다고 생각해야 한다. 즉 천체들은 단순히 천구의 고정된 위치에 박혀 있는데, 천구가 일주운동을 하느라고 동에서 서로 회전하기 때문에 우리 눈에는 동쪽에서 떠서 서쪽으로 지는 것처럼 보인다고 생각하자는 말이다.

QUESTION 7-1 | OX 문제 | **천구의 일주운동에 의해 하늘은 1시간에 15°회전하게 된다. (   )**

ANSWER 7-1   정답(O)   하루에 360°를 회전하기 때문이다.

EXERCISE 7-1 | OX 문제 |

천구의 일주운동에 의해 하늘은 1분에 1° 회전하게 된다. (   )

북극상의 관측자와 천구의 일주운동

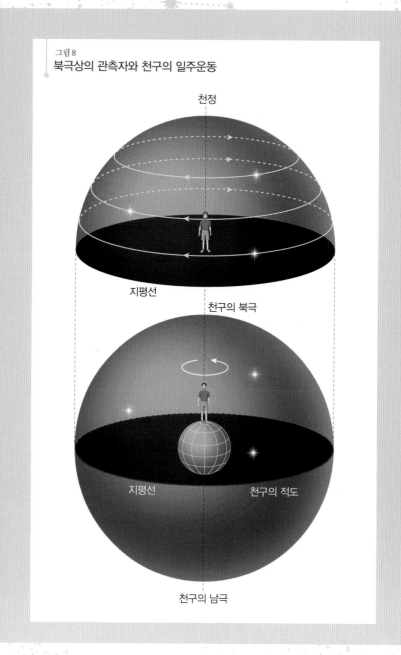

그림 8
북극상의 관측자와 천구의 일주운동

천정

지평선

천구의 북극

지평선   천구의 적도

천구의 남극

북극($\phi=90°$)상의 관측자가 볼 때 천정은 천구의 북극과, 지평선은 천구의 적도와 일치한다. 따라서 지구가 자전을 해도 북극상의 관측자가 볼 때 해, 달, 별은 뜨거나 지는 일이 없이 천구의 북극(천정)을 중심으로 회전운동만 한다. 회전 방향은 관측자가 천정을 올려다 볼 때 시계반대방향과 같다.

따라서 '북극에 떠오르는 별', '북극에 지는 해'와 같은 표현은 천문학적으로 문제가 있는 것이다. 남극의 관측자에 대해도 천체들은 뜨거나 지지 않는다. 물론 이 경우 별들은 천정을 중심으로 시계방향으로 회전한다.

QUESTION 8-1
북극상의 관측자가 볼 때 해가 아래 그림처럼 커다란 빙산 위에 떠 있었다. 두 시간 전에는 해가 어디에 있었을까? (   )

ANSWER 8-1
정답(A) 북극상의 관측자가 왼쪽 방향으로 회전하도록 지구는 자전한다. 하지만 자기가 왼쪽으로 회전하고 있는 것을 느낄 수 없는 관측자의 눈에는 해가 오른쪽으로 수평이동하는 것처럼 보인다. 즉 북극에서는 해가 뜨거나 질 수가 없고, 하루 종일 떠 있거나 져 있어야 한다.

EXERCISE 8-1 | OX 문제 |
QUESTION 8-1에서 북극상의 관측자를 남극상의 관측자로 바꿔도 정답은 바뀌지 않는다. (   )

적도상의 관측자와 천구의 일주운동

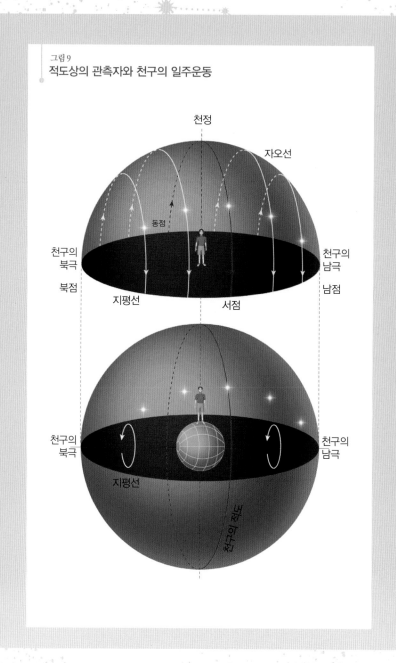

그림 9
적도상의 관측자와 천구의 일주운동

적도($\phi = 0°$)상의 관측자가 볼 때 천구의 적도는 동점, 천정, 서점 등 세 점을 지나는 대원이 된다. 따라서 천구의 적도는 지평선과 수직으로 교차한다. 따라서 적도상의 관측자가 볼 때 해, 달, 별은 동쪽에서 직각으로 떠서 서쪽으로 직각으로 진다. 이는 물론 지구의 자전축이 지평면에 가로누워 있기 때문이다.

QA

QUESTION 9-1

적도상의 관측자가 볼 때 오전 9시 해가 그림처럼 동쪽에 있는 야자수 위에 떠 있었다. 두 시간 후에는 해가 어디에 있을까? (   )

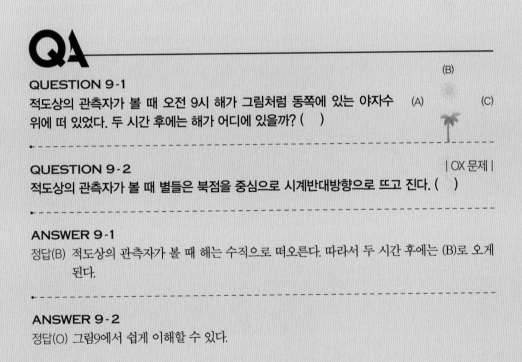

- -

QUESTION 9-2
|OX 문제|

적도상의 관측자가 볼 때 별들은 북점을 중심으로 시계반대방향으로 뜨고 진다. (   )

- -

ANSWER 9-1

정답(B) 적도상의 관측자가 볼 때 해는 수직으로 떠오른다. 따라서 두 시간 후에는 (B)로 오게 된다.

- -

ANSWER 9-2

정답(O) 그림9에서 쉽게 이해할 수 있다.

EXERCISE 9-1
|OX 문제|

적도상의 관측자가 볼 때 별들은 남점을 중심으로 시계방향으로 뜨고 진다. (   )

10. 북반구상의 관측자와 천구의 일주운동 I

북반구($0°<\phi<90°$)상의 관측자가 볼 때 천구의 북극 고도는 ϕ가 되고, 천구의 적도는 동점, 자오선상에서 천정으로부터 ϕ만큼 남쪽으로 내려간 점, 서점 등 세 점을 지나는 대원이 된다. 따라서 해, 달, 별은 비스듬히 떠서 비스듬히 진다. 이 때 해, 달, 별이 뜨고 지는 궤적은 지평선과 $90°-\phi$의 각도를 유지한다.

QUESTION 10-1 | OX 문제 |

북위 37°인 지방의 관측자가 볼 때 해, 달, 별은 지평선과 53°의 경사를 이루며 뜨고 지게 된다. (　)

ANSWER 10-1

정답(O) 해, 달, 별이 뜨고 지는 궤적은 지평선과 $90°-\phi$의 각도를 유지하기 때문이다.

EXERCISE 10-1 | OX 문제 |

남위 37°인 지방의 관측자가 볼 때 해, 달, 별은 지평선과 53°의 경사를 이루며 뜨고 지게 된다. (　)

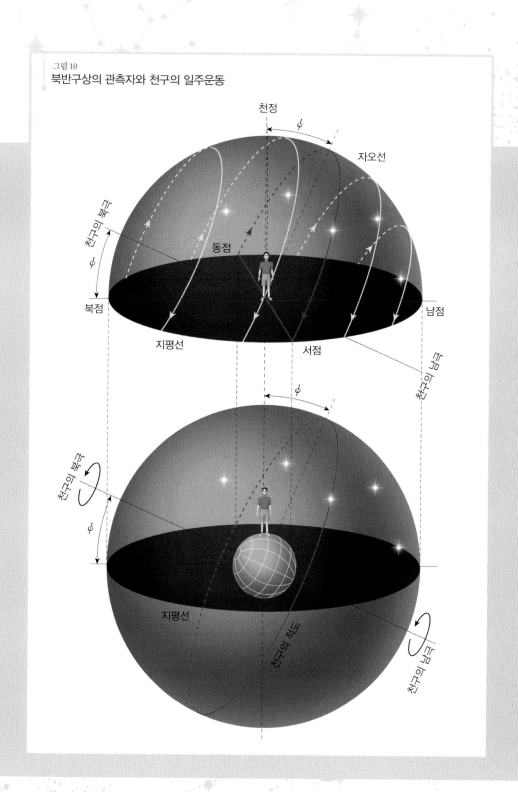

그림 10
북반구상의 관측자와 천구의 일주운동

북반구상의 관측자와 천구의 일주운동 Ⅱ

MOTION OF THE CELESTIAL SPHERE

    북반구상의 관측자가 볼 때 북두칠성과 같은 북극성(천구의 북극) 주변의 별들은 시계반대방향으로 하루 1회 회전운동한다.

    카메라의 셔터를 연 채 노출을 오래 주면 천구의 북극 주변의 별들이 회전운동하는 모습을 그림11처럼 아름답게 촬영할 수 있게 된다.

QA

QUESTION 11-1 | OX 문제 |

북두칠성은 1시간에 15° 회전한다. (   )

- -

ANSWER 11-1 | OX 문제 |

정답(O) 북두칠성의 회전은 천구의 일주운동에 의한 것이므로 1시
        간에 15° 회전한다.

> **EXERCISE 11-1**
>
> 남반구상의 관측자가 볼 때 별들은 천구의 남극 주위를 시계방향
> 으로 하루 1회 돌게 된다. (   )

천구의 연주운동 Ⅰ

　　지구는 자전만 하는 것이 아니라 1년에 한 번씩 해를 공전하기도 한다. 따라서 지구의 공전에 따른 천구의 상대적 시운동이 있게 된다. 이것을 천구의 **연주운동**이라고 한다. 천구의 연주운동에 의해서 몇 달이 지나면 밤하늘의 별자리는 변하게 된다.

QUESTION 12-1　　　　　　　　　　　　　　　| OX 문제 |

해, 달, 별이 뜨고 지는 것은 지구가 해를 공전하기 때문이다. (　)

- -

ANSWER 12-1

정답(X)　해, 달, 별이 뜨고 지는 것은 천구의 일주운동, 즉 지구의 자전 때문이다.

EXERCISE 12-1　　　　　　　　　　　　　　　| OX 문제 |

계절마다 별자리가 바뀌는 것은 지구의 자전 때문이다. (　)

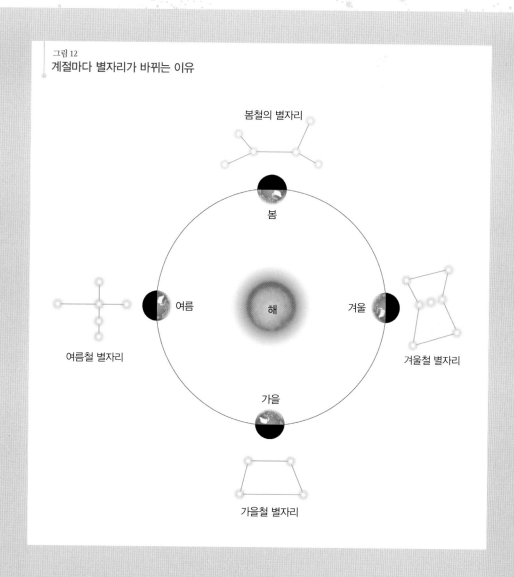

그림 12
계절마다 별자리가 바뀌는 이유

봄철의 별자리

봄

여름 해 겨울

여름철 별자리 겨울철 별자리

가을

가을철 별자리

13 천구의 연주운동 Ⅱ

지구는 1년(약 365일) 걸려서 해를 1바퀴(360°) 공전하므로 하루에 약 1°를 움직인다. 따라서 전날 자정에 남중하였던 별은 다음날 자정에 남중하지 않고 반드시 서쪽으로 약 1°씩 치우쳐 있게 된다.

물론 이는 우리가 일상생활에서 사용하는 시간이 별이 아니라 해를 기준으로 정의돼 있기 때문이다. 예를 들어 정오란 해가 하루 중 가장 높이 솟아 있는 시각을 보편적으로 의미한다. 마찬가지로 자정이란 해가 지구를 중심으로 관측자의 반대편에 있는 한밤중을 의미한다. 여기서 별들이 매일 서쪽으로 1°씩 치우쳐 간다는 말은 별들이 매일 1°만큼 동쪽에서 일찍 떠오른다는 말과 같다. 지구의 자전을 기준으로 할 때 1°의 각거리는 약 4분에 해당되므로 (1시간이 15분에 해당되므로) 천구의 연주운동에 의해서 별들은 매일 약 4분씩 일찍 뜬다.

여기서 우리는 지구의 자전주기가 24시간이 아니라 이보다 약 4분 짧은 약 23시간 56분이라는 사실을 알 수 있다. 왜냐하면 지구의 자전주기는 해보다 아주 먼 별들 기준으로 정의돼야 하기 때문이다. 그래서 24시간을 **태양일**, 약 23시간 56분을 **항성일**이라고 부른다.

각거리 1°는 매우 작으므로 연주운동의 효과는 며칠 사이에 나타나지 않는다. 하지만 몇 달 후에는 연주운동의 누적에 의해서

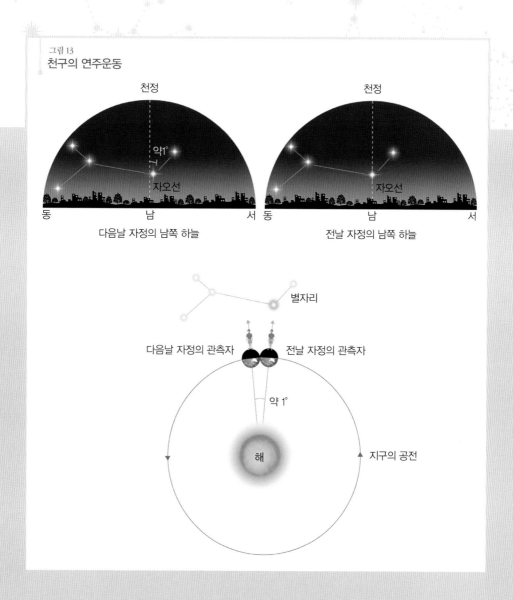

그림 13
천구의 연주운동

천정

약1°

자오선

동   남   서

다음날 자정의 남쪽 하늘

천정

자오선

동   남   서

전날 자정의 남쪽 하늘

별자리

다음날 자정의 관측자   전날 자정의 관측자

약 1°

해   지구의 공전

밤하늘의 별자리가 모두 바뀌게 된다. 예를 들어 가을밤 자정 중천에서 잘 보이던 별들도 석 달 뒤 겨울이 오면 약 4분×90일 = 360분 = 6시간이나 빨리 떠서 자정 무렵에는 서쪽 하늘에 낮게 떠 있거나 곧 지게 된다. 따라서 새로운 겨울철의 별자리들이 겨울철 자정 중천을 수놓는다.

QA

QUESTION 13-1

어젯밤 21시 창살이 가는 작은 창문을 통해 보니 남서쪽 하늘에 아주 밝은 별이 왼쪽 그림처럼 보였다. 같은 창문에서 어젯밤 21시 4분 이 별의 위치는? (   )

QUESTION 13-2

QUESTION 13-1에서 오늘 밤 21시 이 별의 위치와 가장 가까운 곳은? (   )

QUESTION 13-3

QUESTION 13-1에서 오늘 밤 20시 56분 이 별의 위치와 가장 가까운 곳은? (   )

QUESTION 13-4 | OX 문제 |

해는 매일 약 4분씩 일찍 뜬다. (   )

QUESTION 13-5 | OX 문제 |

직녀성이 오늘 8시에 뜬다면 보름 후에는 7시에 뜬다. (   )

ANSWER 13-1
정답(D) 우리나라에서 남서쪽 하늘에 떠 있는 별은 시간이 지나면 오른쪽 아래 방향으로 지게 되기 때문이다.

ANSWER 13-2
정답(D) 별들이 매일 1°씩 서진한다는 사실을 묻는 문제이다.

ANSWER 13-3
정답(A) 어제 21시 위치와 비슷하게 된다.

ANSWER 13-4
정답(X) 별만 매일 약 4분씩 일찍 뜬다.

ANSWER 13-5
정답(O) 별들은 매일 4분씩 일찍 뜨기 때문에 보름 후에는 4분×15=60분, 즉 한 시간 일찍 뜨게 된다.

EXERCISE 13-1
| OX 문제 |

지구의 자전주기는 24시간이 아니라 이보다 약 4분 짧은 23시간 56분이다. (　　)

EXERCISE 13-2
| OX 문제 |

지구의 남반구 지역에서 매일 같은 시각에 관측하면 북쪽 하늘의 별들은 매일 약 1°씩 동진한다. (　　)

EXERCISE 13-3
| OX 문제 |

달은 매일 약 4분씩 일찍 뜬다. (　　)

14 천구의 연주운동 III

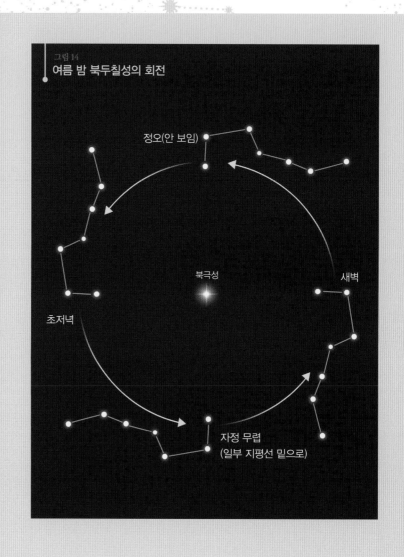

그림 14
여름 밤 북두칠성의 회전

정오(안 보임)

북극성

새벽

초저녁

자정 무렵
(일부 지평선 밑으로)

초저녁 북두칠성의 북극성에 대한 상대적 위치는 계절마다 다른데 이것도 마찬가지 원리로 설명된다. 즉 11장에서 공부한 내용처럼 천구의 일주운동만 적용한다면 북두칠성은 계절에 관계없이 매일 밤 같은 시각이면 같은 장소로 되돌아와야 한다.

천구의 연주운동은 남쪽 하늘의 별들을 약 1°씩 서진시키는 것과 마찬가지로 북극성 주위 별들을 매일 시계 반대 방향으로 1°씩 더 회전시킨다. 따라서 3개월이 지나면 북두칠성이 1°×90일＝90°만큼 더 돌아가서 북극성에 대한 상대적 위치가 계절마다 바뀌게 된다. 즉 북두칠성은 1년, 365일 동안 북극성 주위를 366바퀴 회전하는 것이다.

QA

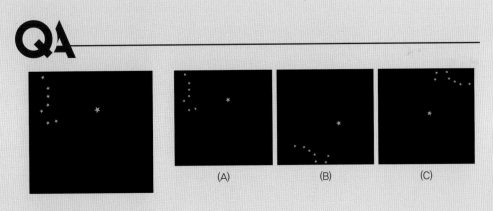

(A) (B) (C)

QUESTION 14-1
어젯밤 20시 북두칠성이 위의 왼쪽 그림처럼 떠 있었다. 오늘 밤 20시 북두칠성의 위치에 가장 가까운 그림은? (   )

- -

ANSWER 14-1
정답(A) 북두칠성은 천구의 일주운동 때문에 하루가 지나면 제자리로 돌아온다. 물론 천구의 연주운동 때문에 1°더 회전하기는 하지만 눈으로 봐서는 알아내기 힘들다.

QUESTION 14-2
QUESTION 14-1에서 오늘 밤 02시 북두칠성의 위치는? (   )

QUESTION 14-3
QUESTION 14-1에서 3개월 후 20시 북두칠성의 위치는? (   )

QUESTION 14-4
QUESTION 14-1에서 1년 후 20시 북두칠성의 위치는? (   )

ANSWER 14-2
정답(B) 시계반대방향으로 $15° \times 6$시간 $= 90°$더 돌아가야만 한다.

ANSWER 14-3
정답(B) 북두칠성이 $1° \times 90$일 $= 90°$ 만큼 더 돌아가야만 한다.

ANSWER 14-4
정답(A) 북두칠성은 지난 1년, 365일 동안 북극성 주위를 366바퀴 회전하고 제자리로 돌아온 것이다.

EXERCISE 14-1	I OX 문제 I

남십자성은 천구의 남극을 중심으로 시계 방향으로 회전한다. (   )

EXERCISE 1-1   정답(X) 지구상 북극과 남극에서는 동서남북 방향이 모두 정의되지 않는다.

EXERCISE 2-1   정답(O) $h=90°$인 점은 천정이다.

EXERCISE 3-1   정답(O) 천구의 북극과 남극을 연결하는 직선은 지구의 자전축이기 때문에 당연하다.

EXERCISE 4-1   정답(O) 남극상의 관측자가 볼 때 천구의 남극은 천정에, 천구의 적도는 지평선에 일치한다.

EXERCISE 5-1   정답(O) 적도상의 관측자가 볼 때 천구의 북극, 남극은 각각 북점, 남점과 일치한다.

EXERCISE 6-1   정답(O) $\phi<0$임에 주의하면 천구의 남극 고도는 $-\phi$라야 한다.

EXERCISE 7-1   정답(X) 1시간에 $15°$회전하므로 $1°$회전하는 데에는 4분이 걸린다.

EXERCISE 8-1   정답(X) 정답은 (B)가 된다.

EXERCISE 9-1   정답(O) 남점이 곧 천구의 남극이기 때문이다.

EXERCISE 10-1   정답(O) 북반구와 마찬가지이다.

EXERCISE 11-1   정답(O) 별들은 북반구와 반대방향으로 회전한다.

EXERCISE 12-1   정답(X) 지구의 공전 때문이다.

EXERCISE 13-1   정답(O) 1항성일이 자전 주기이다.

EXERCISE 13-2   정답(X) 역시 $1°$씩 서진한다.

EXERCISE 13-3   정답(X) 달은 천구의 연주운동과 관계없다.

EXERCISE 14-1   정답(O) EXERCISE 11-1 참조.

지금까지 편의상 천체들이 천구 상에 '박혀' 있다고 생각했다.

그러나 해와 달은 사실 천구 상에서 끊임없이 운동하고 있다.

이런 것들을 천구의 시운동에 추가해야 비로소 해와 달의 운동 전체를 설명할 수 있다.

해는 매년 황도를 따라 천구를 한 바퀴 돈다.

그러므로 일출과 일몰 시각이 매일 바뀌게 된다.

달은 매월 백도를 따라 지구를 한 바퀴 공전한다.

그러므로 매일 월출과 월몰 시각이 바뀌고 모양까지 바뀌게 된다.

해와 달의 운동

MOTION OF THE SUN AND MOON

15 황도 I

지구의 자전축은 공전 궤도에 수직인 방향으로부터 $23\frac{1}{2}^{\circ}$ 기울어져 있다. 지구가 A점에 있을 때 해는 **북회귀선**을 수직으로 비추므로 우리나라는 더운 **하지**가 된다. 낮과 밤의 경계선은 지구의 자전축과 일치하지 않는다는 점에 유의하면 우리나라에서는 하지 때 낮의 길이가 가장 길다는 사실을 깨달을 수 있다.

이 경우 북극 지방은 하루 종일 낮, 남극 지방은 하루 종일 밤이라는 사실도 눈여겨보아 두자. 지구의 양극 지방에서는 6개월은

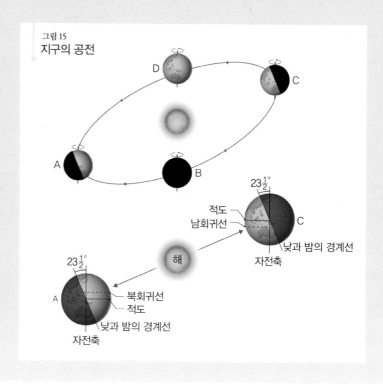

그림 15
지구의 공전

낮, 6개월은 밤이 계속 되는 이유를 금방 이해할 수 있다.

마찬가지로 지구가 C점에 있을 때 해는 **남회귀선**을 수직으로 비추어 우리나라는 밤이 가장 길고 추운 **동지**가 된다. 지구가 B점에 있을 때 우리나라는 **추분**, D점에 있을 때는 **춘분**이 되며 어느 경우든지 낮과 밤의 길이가 같게 된다.

QUESTION 15-1 | OX 문제 |
호주는 우리나라와 경도가 비슷하다고 가정하면 우리나라가 낮일 때 호주는 밤이다. (   )

- -

QUESTION 15-2 | OX 문제 |
호주는 우리나라와 경도가 비슷하다고 가정하면 우리나라가 겨울일 때 호주는 여름이다. (   )

- -

ANSWER 15-1
정답(X) 경도가 비슷하므로 낮과 밤은 같이 바뀐다.

- -

ANSWER 15-2
정답(O) 경도가 비슷하므로 계절은 반대가 된다.

EXERCISE 15-1 | OX 문제 |

미국이 우리나라와 경도가 거의 180° 차이난다고 가정하면 우리나라가 낮일 때 미국은 밤이다. (   )

EXERCISE 15-2

미국이 우리나라와 경도가 거의 180° 차이난다고 가정하면 우리나라가 겨울일 때 미국은 여름이다. (   )

---

16 황도 II

천구의 반지름은 ∞이기 때문에 지구 공전 궤도를 천구 속에 집어넣고 생각해도 아무 문제가 없다.

낮에 보이는 해는 우리 눈에 별들보다 더 가까이 있는 것처럼 보이지는 않는다. 즉 해, 달, 별 모두 하늘에 '박혀' 있는 것처럼 보인다. 따라서 우리나라가 하지일 때 해는 마치 천구 상의 C′점에 있는 것처럼 보이는데, C′점을 우리는 **하지점**이라고 한다. **동지점** A′, **춘분점** B′, **추분점** D′도 마찬가지로 정의된다. 이들은 천구의 북극, 남극과 마찬가지로 천구 상에 고정된 점들이다. 북극성 경우와 마찬가지로 만일 하지점 가까이 밝은 별이 있었더라면 그 별은 틀림없이 '하지성'으로 불리었을 것이다.

천구 상 어디에나 우리 은하의 별들로 가득 차 있다. 다만 해 주위의 별들은 낮에 뜨기 때문에 볼 수 없을 뿐이다. 예를 들어 하지점 C′주위의 별들은 하짓날 낮에 뜨는 별들, 즉 하짓날 밤에는 지는 별들이라는 사실을 알 수 있다. 실제로 이 별들은 정반대의 계절, 겨울철의 별자리를 이룬다. 여기서 우리는 하지점이 겨울철 별자리에 있다는 사실을 알게 된다. 마찬가지로 동지점은 여름철에 위치하게 되며, 춘분점은 가을철 별자리, 추분점은 봄철 별자리에 위치한다.

지구가 약 90일 걸려서 A점으로부터 B점까지 움직이면 해는

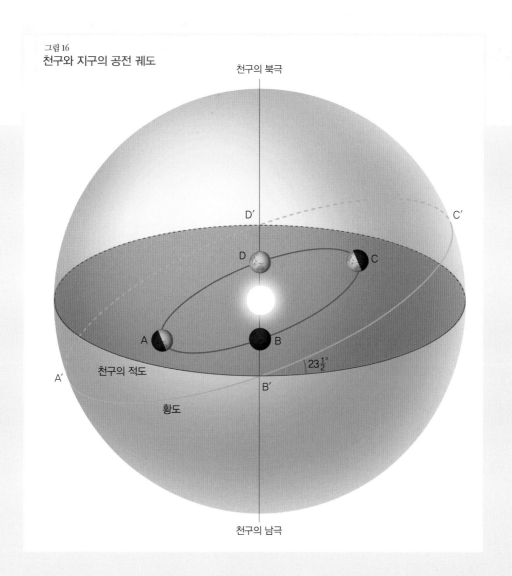

그림 16
천구와 지구의 공전 궤도

천구의 북극

D′

C′

D

C

A

B

천구의 적도

$23\frac{1}{2}°$

A′

B′

황도

천구의 남극

마치 천구 상에서 별들을 헤치고 C′점에서 D′점으로 이동한 것처럼 보인다. 따라서 지구
가 1년 동안 A → B → C → D → A처럼 한 번 해를 공전하면 해는 마치 대원 C′→ D′→
A′→ B′→ C′를 따라 천구를 일주하는 것처럼 보인다. 이 대원을 우리는 **황도**라고 부른다.
황도와 적도는 옛날 성도에서 각각 노란색과 붉은 색으로 그려진 데서 비롯된 이름이다.
황도와 천구의 적도는 춘분점과 추분점에서 교차하며 $23\frac{1}{2}°$의 각을 이룬다.

QUESTION 16-1
| OX 문제 |
황도와 천구의 적도는 하지점과 동지점에서 만난다. (　)

QUESTION 16-2
아랫쪽 그림에는 하짓날 북극상의 관측자와 해가 그려져 있다. 황도를 그리고 추분점의 위치를 표시하라.

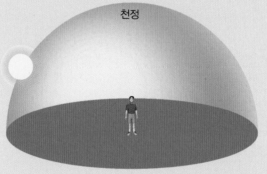

천정

QUESTION 16-3
| OX 문제 |
춘분점은 천구의 연주운동에 의해 매일 약 4분씩 일찍 뜬다. (　)

QUESTION 16-4
아래의 반원에 우리나라의 관측자가 보는 추분날 자정 무렵의 남쪽 하늘을 그리고자 한다. 황도를 그리고 남중하는 분점이나 지점을 나타내라.

천정

천구의 적도

ANSWER 16-1

정답(X) 황도와 천구의 적도는 춘분점과 추분점에서 만난다.

ANSWER 16-2

그림과 같다.

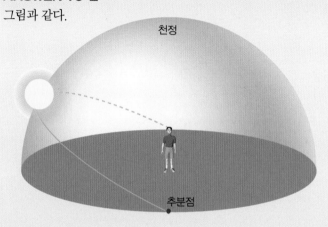

ANSWER 16-3

정답(O) 분점과 지점은 천구 상에 고정된 점들이므로 별처럼 행동하기 때문이다.

ANSWER 16-4

그림과 같다.

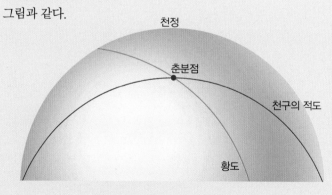

EXERCISE 16-1

| OX 문제 |

황도와 천구의 적도는 $66\frac{1}{2}°$로 교차한다. (   )

EXERCISE 16-2

다음 그림에 황도를 그려 넣어라.

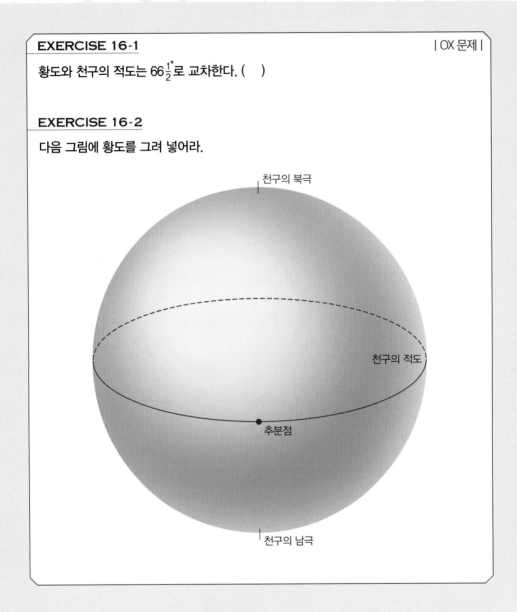

천구의 북극

천구의 적도

추분점

천구의 남극

황도 12궁

황도에 걸쳐 있는 별자리의 개수는 총 12개인데 이들을 일컬어 **황도 12궁**이라고 한다. 해는 매월 황도 12궁을 대략 하나씩 통과하게 되는데 그 시기는 다음과 같다.

1월	염소	2월	물병
3월	물고기	4월	양
5월	황소	6월	쌍둥이
7월	게	8월	사자
9월	처녀	10월	천칭
11월	전갈	12월	궁수

따라서 춘분점은 물고기자리, 하지점은 쌍둥이자리, 추분점은 처녀자리, 동지점은 궁수자리에 각각 위치해야 한다. 이것으로부터 물고기자리는 가을철, 쌍둥이자리는 겨울철, 처녀자리는 봄철, 궁수자리는 여름철 별자리라는 사실을 알 수 있다.

서양의 점성술은 일찍이 황도 12궁을 바탕으로 발전하게 됐다. 예를 들어 생일이 8월인 사람은 사자자리와 관계가 있는 식이다. 하지만 여기서 오해하기 쉬운 점은 생일에 해당되는 황도 12궁이 생일 밤에 잘 보인다고 생각하는 것이다. 예를 들어 사자자리는 8월에 절대로 볼 수 없는데, 그 이유는 해가 하루 종일 사자자리에 머물기 때문이다.

17 천구의 적도 좌표계

적도 좌표계는 춘분점과 천구의 적도를 기준으로 한 좌표계로 가장 많이 쓰인다. 이 좌표계에서는 지구의 경도에 해당하는 **적경**과 지구의 위도에 해당하는 **적위**를 쓴다.

적경은 흔히 그리스 문자 α(알파)로 나타내며 춘분점으로부터 동쪽으로 재어 간다. 단위로는 시간과 같이 시, 분, 초를 사용해 예를 들어 9시 13분 27초인 경우 $\alpha = 9^h 13^m 27^s$와 같이 표기한다.

적위는 그리스 문자 δ(델타)로 나타내며 천구의 적도로부터의 각거리를 나타낸다. 적위는 천구의 북반구에서는 (+) 값, 남반구에서는 (−) 값을 갖는다. 단위로는 보통 각도 단위인 도, 분, 초를 사용해 예를 들어 +13도 56분 47초인 경우 $\delta = +13° 56' 47''$와 같이 표기한다.

적도 좌표계를 이용하면 천구 상 춘분점의 위치는 $\alpha = 0^h, \delta = 0°$, 하지점의 위치는 $\alpha = 6^h, \delta = +23\frac{1}{2}°$, 추분점의 위치는 $\alpha = 12^h, \delta = 0°$, 동지점의 위치는 $\alpha = 18^h, \delta = -23\frac{1}{2}°$로 표시된다.

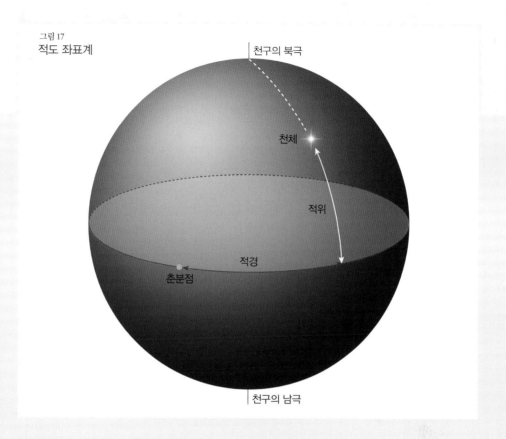

그림 17
적도 좌표계

천구의 북극

천체

적위

적경

춘분점

천구의 남극

QUESTION 17-1 | OX 문제 |

적도 좌표계로 α=12^{h}13^{m}27^s, δ=13°56′47″인 지점에 있는 별은 가을철 별자리에 속한다.
(　)

ANSWER 17-1

정답(X) 별은 추분점(α=12^h, δ=0°) 근처에 있으므로 봄철 별자리를 이룬다.

EXERCISE 17-1 | OX 문제 |

적도 좌표계로 α=1^{h}13^{m}27^s, δ=+13°56′47″인 지점에 있는 별은 가을철 별자리에 속한다.
(　)

북극상의 관측자와 해의 시운동

앞에서 편의상 천체들이 천구 상에 '박혀' 있다고 생각했다. 그러나 실제로 천체들은 천구 상에 얌전히 박혀 있지 않고 끊임없이 움직이고 있기 때문에 천체의 시운동을 이해하려면 반드시 천구의 시운동과 각 천체의 운동을 동시에 살펴봐야 한다.

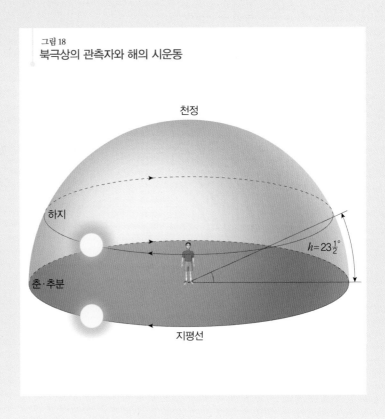

그림 18
북극상의 관측자와 해의 시운동

북극($\phi = 90°$)상의 관측자가 볼 때 지구가 자전을 해도 북극상의 관측자가 볼 때 해, 달, 별은 뜨거나 지는 일이 없이 천구의 북극(천정)을 중심으로 회전운동만 한다. 회전 방향은 관측자가 천정을 올려다 볼 때 시계반대방향과 같다.

따라서 해는 다음과 같이 시운동을 하는데, 이 경우 지평선이 천구의 적도와 일치하므로 해의 고도는 곧 천구의 적위와 같음에 유의하자.

따라서 하짓날 해는 $h = 23\frac{1}{2}°$의 고도를 유지하며 하루 종일 떠 있어야 한다. 이 때 천정을 중심으로 놓고 볼 때 해가 시계반대방향으로 회전하는 것은 물론이다. 즉 춘분 때 지평선 뒤에 걸려 있던 해는 δ값이 서서히 증가하면서 고도를 높이다가 석 달 뒤 하지 때 최고 고도인 $23\frac{1}{2}°$에 이르게 된다.

마찬가지로 하지가 지난 후 해는 점점 고도가 낮아져서 추분이 되면 다시 지평선에서 회전운동을 하게 된다. 그래서 북극에서는 여름을 중심으로 6개월 동안 낮이 계속되는 것이다. 추분 때부터 동지를 거쳐 춘분에 이르는 6개월 동안에는 밤이 계속 된다.

QUESTION 18-1

북위 89도인 지역에서 어제 정오 해가 아래 왼쪽 그림처럼 커다란 빙산 위에 떠 있었다. 어제 오전 10시 해의 위치에 가장 가까운 그림은? (   )

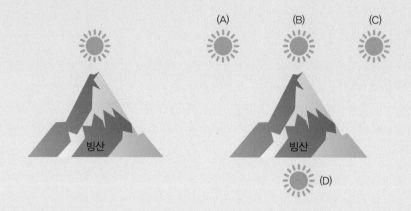

QUESTION 18-2

QUESTION 18-1에서 오늘 정오 해는 어디에 있을까? (   )

QUESTION 18-3

QUESTION 18-1에서 빙산이 녹거나 변하지 않는다고 가정할 때 6개월 뒤 정오 해는 어디에 있을까? (   )

ANSWER 18-1

정답(A) 8장을 참고하라. 이 문제에서 '북위 89도인 지역에서' 대신 '북극에서'를 대입하면 약간 논란의 여지가 있다. 그 이유는 북극에서는 모든 방향이 남쪽이기 때문에, 즉 천문학적으로 정오를 정의할 수 없기 때문이다. 물론 북위 89도 지역에서는 해가 남 중했을 때를 정오라고 해 아무 문제가 없다.

- -

ANSWER 18-2

정답(B) 오늘 정오가 되면 해가 어제 정오의 위치로 다시 돌아오게 되기 때문이다. 물론 아 주 작은 고도의 차이가 생기지만 눈으로는 구분이 어렵다.

- -

ANSWER 18-3

정답(D) 북극에서 어느 날 정오 해가 지평선 위에 있었으면 6개월 뒤 정오에는 반드시 땅 밑 에 있게 되기 때문이다.

EXERCISE 18-1

QUESTION 18-1에서 문제에서 '북위 89도' 대신 '남위 89도'를 대입해도 정답은 변하지 않는다. (　)

EXERCISE 18-2

QUESTION 18-2에서 문제에서 '북위 89도' 대신 '남위 89도'를 대입해도 정답은 변하지 않는다. (　)

EXERCISE 18-3

QUESTION 18-3에서 문제에서 '북위 89도' 대신 '남위 89도'를 대입해도 정답은 변하지 않는다. (　)

19 적도상의 관측자와 해의 시운동

적도($\phi=0°$)상의 관측자에 대한 해의 시운동은 그림과 같다. 물론 그림의 춘분, 하지, 추분, 동지라는 말은 북반구(우리나라)상의 관측자를 기준으로 정의된 말들이다. 천구의 적도가 천정을 지나며 자오선에 직교하는 대원이라는 사실을 떠올리면 그림을 이해하는데 별 어려움은 없을 것이다.

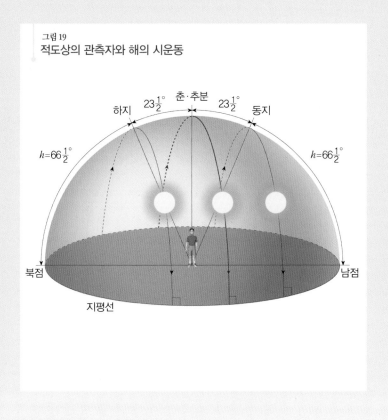

그림 19
적도상의 관측자와 해의 시운동

QUESTION 19-1
적도 지방에서 하지인 어제 정오 해가 오른쪽 그림 (E)의 위치에 떠 있었다. 어제 오전 10시 해의 위치에 가장 가까운 그림은? ( )

QUESTION 19-2
QUESTION 19-1에서 야자수가 죽거나 변하지 않는다고 가정할 때 1달 뒤 정오 해는 어디에 있을까? ( )

QUESTION 19-3
QUESTION 19-1에서 만일 주어진 그림이 어제 오전 9시 동쪽 하늘의 모습이라면 어제 오전 10시 해의 위치는? ( )

QUESTION 19-4
| OX 문제 |

적도상의 관측자가 볼 때 하짓날 정오 해의 고도는 $66\frac{1}{2}°$ 이다. ( )

QUESTION 19-5
| OX 문제 |

적도상의 관측자가 볼 때 하짓날 해는 동점에서 $23\frac{1}{2}°$ 더 북쪽인 지점에서 뜬다. ( )

ANSWER 19-1
정답(F) 그림들은 북쪽 하늘의 모습이기 때문이다.

ANSWER 19-2
정답(B) 1달 뒤 정오 해의 고도는 더 높아야 하기 때문이다.

ANSWER 19-3
정답(B) 해가 수직으로 뜨기 때문이다.

ANSWER 19-4
정답(O) 해는 하짓날 정오 북점에서 고도가 $66\frac{1}{2}^{\circ}$인 지점에 있다.

ANSWER 19-5
정답(O) 하짓날 해의 적위는 $\delta = 23\frac{1}{2}^{\circ}$이므로 천구의 적도로부터 역시 $23\frac{1}{2}^{\circ}$ 떨어진 지점에 있기 때문이다.

EXERCISE 19-1 | OX 문제 |
적도 지방에서 1년 중 낮이 가장 긴 날은 춘·추분, 하지, 동지 중 춘·추분이다. (　　)

EXERCISE 19-2 | OX 문제 |
적도상의 관측자가 볼 때 동짓날 정오 해의 고도는 $66\frac{1}{2}^{\circ}$이다. (　　)

EXERCISE 19-3 | OX 문제 |
적도상의 관측자가 볼 때 동짓날 해는 서점에서 $23\frac{1}{2}^{\circ}$ 더 남쪽인 지점으로 진다. (　　)

해와 달과 별

지금까지 "우주에는 뭐가 있어요" 하고 어린이들이 물어올 때 저자는 언제나 "해, 달, 별이 있단다" 같이 대답한다. 과학적으로도 틀리다고 할 수 없을뿐더러 유치원 아이들까지도 이해할 수 있는 명쾌한 대답이기 때문이다.

해, 달, 별 같이 아름답고 순수한 우리말이 살아있다니 정말 다행이라는 생각이 든다. 한 해, 두 해, …, 하는 해가 바로 하늘의 해요, 한 달, 두 달, …, 하는 달이 바로 하늘의 달이다. 즉 지구가 해를 한바퀴 공전하는 데 걸리는 시간이 한 해요, 달이 지구를 한바퀴 공전하는 데 걸리는 시간이 한 달인 것이다. 한바퀴 완전히 돌면 왜 각도로 360도라고 할까. 바로 지구가 해를 공전하는데 약 365일 걸리는 데에서 비롯된 것이다.

이렇게 멋진 해라는 이름을 두고 굳이 '태양'이라고 불러야 하는지 생각해 볼 일이다. 옛날 달을 부르던 '태음'이라는 말이 완전히 사라진 것을 생각하면 더욱 그렇다. 가능하면 '태양'보다 '해'를 써야 할 것이다. '태양과 달'보다 '해와 달'이 더 잘 어울리지 않는가.

해의 지름은 지구보다 약 100배 크지만 달은 약 4분의 1밖에 안 된다. 따라서 해는 달보다 약 400배 더 크다. 그런데 지구에서 보면 해와 달은 크기가 지름이 각도로 약 $\frac{1}{2}°$ 정도로 거의 같다. 아마 온 은하계를 다 뒤져도 행성을 공전하는 위성과 행성이 공전하는 별의 크기가 비슷한 경우는 찾기가 쉽지 않을 것이다. 그래서 조선 왕조 임금님 뒤의 병풍에서 해와 달은 동등한 대접을 받게 됐다.

이는 물론 지구로부터 해가 달보다 약 400배 멀리 있기 때문이다. 달까지는 빛으로 1.2초 정도면 도달하지만 해까지는 약 1.2초×400 = 480초 = 8분 정도 걸린다. 따라서 지구에서 달 표면을 걷는 우주인과 생방송으로 연결해도 문제가 없지만 해 근처에 가 있는 우주인과는 바로바로 통화할 수가 없다. 적어도 16분은 기다려야 답신이 오기 때문이다.

북반구상의 관측자와 해의 시운동

북반구($0° < \phi < 90°$)상의 관측자가 볼 때 해는 춘분 때 정동에서 떠서 정서로 지지만 그 후 매일 북쪽으로 조금씩 이동해 하지 때는 거의 북동쪽에서 떠서 북서쪽으로 지게 된다. 그렇다고 해서 하지 때 해가 정동 방향보다 $23\frac{1}{2}°$ 더 북쪽으로 이동한 지점에서 뜨는 것은 아니다. 해는 $23\frac{1}{2}°$보다 더 북쪽으로 올라가 뜨게 되는데(왜 그런지 생각해 보자) 그 각 크기의 계산은 매우 어려운 일이므로 여기서는 생략한다. 하지를 지나 δ값이 감소함에 따라 해는 서서히 남쪽으로 내려와 추분 때는 다시 정동에서 떠서 정서로 진다. 그리고 그 날 해는 천구의 적도를 따라 운행하는 것처럼 보인다. 해는 그 후 계속 남쪽으로 더 내려와 동지 때는 거의 남동쪽에서 떠서 남서쪽으로 지게 된다.

정오 무렵 해의 고도(남중고도)는 일상생활에서 매우 중요한 역할을 한다. 건축에서의 일조권 문제만 생각해 봐도 꼭 알고 있어야 할 상식임을 깨닫게 된다. 북반구 상 위도가 ϕ인 지점에서 해의 남중고도는 춘·추분 때는 $h = 90° - \phi$, 하지 때는 $h = 90° - \phi + 23\frac{1}{2}°$, 동지 때는 $h = 90° - \phi - 23\frac{1}{2}°$가 된다.

여기서 우리는 매우 중요한 공식 하나를 도출할 수 있다. 즉 위도가 ϕ인 관측자에 대해 적위가 δ인 천체의 남중고도 h는 $h = 90° - \phi + \delta$로 주어진다는 사실이다. 예를 들어, $\phi = 37°$인 우리나라

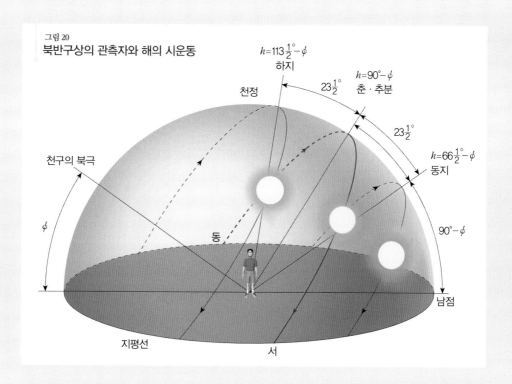

그림 20
북반구상의 관측자와 해의 시운동

천정

$h=113\frac{1}{2}^{\circ}-\phi$
하지

$h=90^{\circ}-\phi$
춘·추분

$23\frac{1}{2}^{\circ}$

$23\frac{1}{2}^{\circ}$

$h=66\frac{1}{2}^{\circ}-\phi$
동지

천구의 북극

ϕ

동

$90^{\circ}-\phi$

남점

지평선

서

중부 지방의 경우 하지 때 해의 남중고도는 $h=90^{\circ}-37^{\circ}+23\frac{1}{2}^{\circ}=76\frac{1}{2}^{\circ}$이고, 동지 때 해의 남중고도는 $h=90^{\circ}-37^{\circ}-23\frac{1}{2}^{\circ}=29\frac{1}{2}^{\circ}$이며, 춘·추분 때 남중고도는 $h=90^{\circ}-37^{\circ}=53^{\circ}$가 된다. 따라서 겨울 햇살은 남향집의 경우 집안 깊이 들어오게 되는 것이다.

또한 춘·추분 때는 낮과 밤의 길이가 같지만 하지 때는 낮이, 동지 때는 밤이 더 길다는 사실도 깨달을 수 있다. 북반구 중에서도 북극에 가까운 지방은 하지 근처의 밤이 매우 짧게 된다. 이 경우에는 밤에도 해가 바로 지평선 아래에 있어 캄캄하지 않게 되는데 이를 백야라고 부른다.

QUESTION 20-1
하지인 어제 해가 그림처럼 동산에서 떠올랐다. 오늘 아침에 해가 뜬 위치에 가장 가까운 그림은? ( )

어제 해의 위치

(A)　　　　　　　　(B)　　　　　　　　(C)

QUESTION 20-2
QUESTION 20-1에서 한 달 전에는 해가 어떻게 떴을까? ( )

QUESTION 20-3
QUESTION 20-1에서 한 달 후에는 해가 어떻게 뜰까? ( )

QUESTION 20-4
QUESTION 20-1에서 어제가 하지가 아니고 춘분이었다면 QUESTION 20-2의 답은? ( )

QUESTION 20-5
QUESTION 20-1에서 어제가 하지가 아니고 춘분이었다면 QUESTION 20-3의 답은? ( )

ANSWER 20-1

정답(A) 해가 뜨는 곳이 매일 조금씩 변하기는 하지만 하루 만에는 별로 표가 나지 않기 때문이다.

ANSWER 20-2

정답(C) 하지 한 달 전에는, 즉 5월에는 틀림없이 해가 더 남쪽에서 떴을 것이다. 우리는 동쪽을 바라보고 있으므로 그림에서 오른쪽이 남쪽이 된다.

ANSWER 20-3

정답(C) 하지 한 달 후, 즉 7월에도 해는 더 남쪽에서 뜨기 때문이다.

ANSWER 20-4

정답(C) 춘분 때 해는 정동 방향에서 뜨지만 한 달 전에는, 즉 2월에는 정동 방향보다 남쪽에서 뜨기 때문이다.

ANSWER 20-5

정답(B) 한 달 후에는, 즉 4월에는 해는 정동 방향보다 북쪽에서 뜬다.

EXERCISE 20-1 | OX 문제 |

현충일 해는 정동 방향보다 더 북쪽에서 뜬다. (   )

EXERCISE 20-2 | OX 문제 |

한글날 해는 정서 방향보다 더 남쪽으로 진다. (   )

EXERCISE 20-3 | OX 문제 |

엄밀하게 말해 추분 전날 해는 정동보다 더 남쪽에서 뜬다. (   )

EXERCISE 20-4 | OX 문제 |

엄밀하게 말해 추분 다음날 해는 정동보다 더 남쪽에서 뜬다. (   )

EXERCISE 20-5 | OX 문제 |

엄밀하게 말해 동지 전날 해는 정동보다 더 남쪽에서 뜬다. (   )

EXERCISE 20-6 | OX 문제 |

엄밀하게 말해 동지 다음날 해는 정동보다 더 남쪽에서 뜬다. (   )

일출과 일몰

해는 매일 뜨고 지는 시각이 다르다. 춘분 때 낮과 밤의 길이가 같다. 즉 낮과 밤의 길이가 각각 12시간이 돼야 하기 때문에 상식적으로 해는 아침 6시에 떠서 저녁 6시에 저야 한다. 하지 때는 1년 중 낮의 길이가 가장 길어 거의 14시간이나 된다. 즉 춘분 때보다 낮이 2시간가량 더 길기 때문에 해는 아침 5시쯤 떠서 저녁 7시쯤 져야 한다. 추분 때는 다시 낮과 밤의 길이가 같아져 춘분의 경우와 같아진다. 마지막으로 동지 때는 1년 중 낮의 길이가 가장 짧아 10시간 정도밖에 되지 않는다. 즉 춘·추분 때보다 낮이 2시간가량 짧기 때문에 해는 아침 7시쯤 떠서 저녁 5시쯤 해가 져야 한다.

그런데 현재 우리나라의 표준시는 일본을 지나는 동경 135도를 기준으로 하고 있다. 우리나라의 중앙은 동경 127~128도에 해당되기 때문에 해가 정오에 정확히 남쪽 하늘로 오지 않는다. 경도가 15도 다르면 시간적으로 1시간 차이가 발생하기 때문에 우리나라 표준시로는 해가 12시 반쯤 정남 방향에 오게 되는 것이다. 따라서 앞에서 언급한 일출일몰 시각들도 모두 30분쯤 오차가 있다. 실제로 춘·추분 때 해는 아침 6시 반쯤 떠서 저녁 6시 반쯤 지게 된다. 하지 때는 아침 5시 반쯤 떠서 저녁 7시 반쯤 지고 동지 때는 아침 7시 반쯤 떠서 5시 반쯤 진다.

그림 20에서 본 것과 같이 우리나라에서 춘·추분 때 해는 정동 방향에서 떠서 정서 방향으로 진다. 하지만 하지 때는 해가 정동 방향보다 북쪽에서 떠서 정서 방향보다 북쪽으로 진다. 그래서 낮이 밤보다 길고 해도 정오에 남쪽 하늘 높이 뜨는 것이다. 반대로 동지 때는 해가 정동 방향보다 남쪽에서 떠서 정서 방향보다 남쪽으로 진다. 그래서 낮이 밤보다 짧고 해도 정오에 남쪽 하늘 낮게 뜨는 것이다.

21 달의 시운동 I

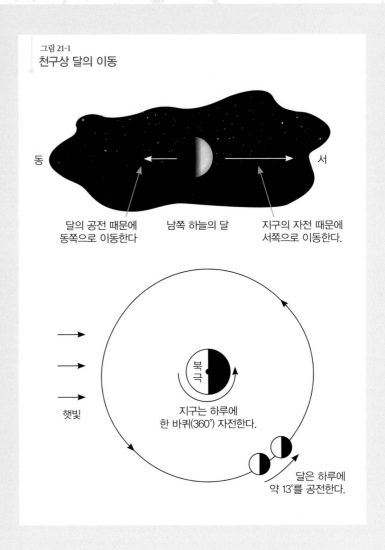

그림 21-1
천구상 달의 이동

동

서

달의 공전 때문에
동쪽으로 이동한다

남쪽 하늘의 달

지구의 자전 때문에
서쪽으로 이동한다.

햇빛

북
극

지구는 하루에
한 바퀴(360°) 자전한다.

달은 하루에
약 13°를 공전한다.

MOTION OF THE SUN AND MOON

해와 달이 동쪽에서 떠서 서쪽으로 지는 이유는 물론 지구가 서쪽에서 동쪽으로 자전하기 때문이다. 그런데 달은 지구를 공전하고 있지 않은가. 그 공전 방향을 하늘에서 보면 서쪽에서 동쪽을 향한다. 따라서 달은 지구의 자전 때문에, 즉 천구의 일주운동 때문에 동쪽에서 떠서 서쪽으로 지지만 그 사이 서쪽에서 동쪽으로 조금씩 거슬러 올라간다.

이는 마치 강물에 떠내려가면서 상류 방향으로 헤엄쳐 올라가려고 하는 거북이와 같다. 거북이는 결국 하류 방향으로 떠내려가겠지만 헤엄치는 만큼 상류 방향으로 거슬러 올라가는 것이다. 만일 달의 공전 주기가 만일 하루보다 짧다면 달은 서쪽에서 떠서 동쪽으로 져야 한다.

달은 그림 21-1에서 보는 바와 같이 13°만큼 서쪽에서 동쪽으로 '거슬러' 간다. 왜 13°일까? 그건 달의 지구 공전주기가 $27\frac{1}{3}$일이기 때문이다. 즉 $27\frac{1}{3}$일 걸려서 한 바퀴, 즉 360°를 공전하니까 하루에 $360° \div 27\frac{1}{3} = 13°$를 이동하는 것이다.

달의 공전궤도면은 지구 공전궤도면과 거의 일치해 5°정도밖에 차이가 나지 않는다. 따라서 천구 상에서 달이 지나가는 길 **백도**는 황도와 거의 일치한다. 달은 천구의 백도에서 매일 약 13°씩 동진해 다음날 약 4분×13 = 52분 늦게 뜨고 진다. 예를 들어 오늘밤 달이 저녁 6시에 떴다면 내일 밤에는 6시 52분에 뜨고, 오늘밤 달이 새벽 1시에 졌다면 내일은 새벽 1시 52분에 진다.

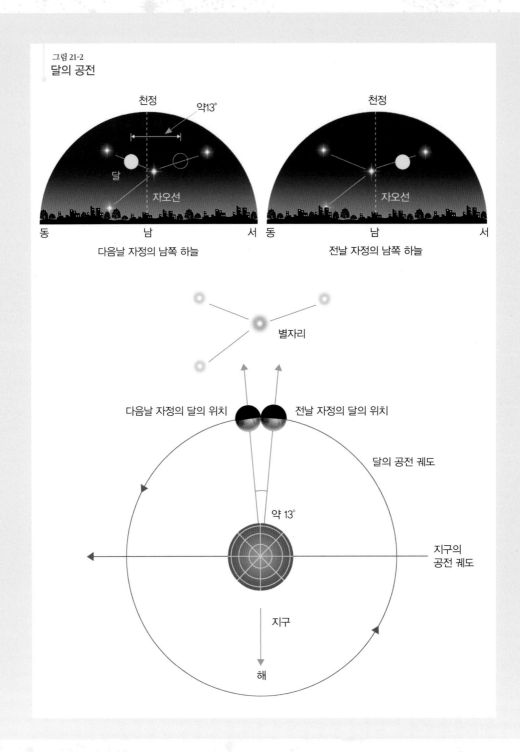

그림 21-2
달의 공전

천정
약13°
달
자오선
동 남 서
다음날 자정의 남쪽 하늘

천정
자오선
동 남 서
전날 자정의 남쪽 하늘

별자리

다음날 자정의 달의 위치
전날 자정의 달의 위치

달의 공전 궤도

약 13°

지구의
공전 궤도

지구

해

QA

QUESTION 21-1

어젯밤 21시 남쪽 하늘에 달이 그림처럼 위치하고 있었다. 어젯밤 22시 달의 위치에 가장 가까운 그림은? ( )

QUESTION 21-2

QUESTION 21-1에서 오늘 밤 21시 달의 위치는? (   )

QUESTION 21-3

QUESTION 21-1에서 오늘 밤 22시 달의 위치는? (   )

QUESTION 21-4 | OX 문제 |

만일 달의 공전 주기가 3일로 줄어들면 달은 서쪽에서 뜬다. (   )

ANSWER 21-1

정답(C) 천구의 일주운동 때문에 달은 1시간에 15°씩 하늘에서 이동해야 하기 때문이다. 달의 겉보기 지름이 각도로 약 $\frac{1}{2}^{\circ}$라는 사실을 고려하면 달 지름의 약 30배 이동해 있어야 한다.

ANSWER 21-2

정답(A) 달은 어젯밤 21시보다 약 52분 늦게 떠서 더 동쪽에 있기 때문이다.

ANSWER 21-3
정답(B) 오늘밤 22시에는 21시의 위치에서 서쪽으로 15° 더 회전했으므로 어제 21시 위치에 거의 와 있을 것이기 때문이다.

ANSWER 21-4
정답(X) 달의 공전 주기가 3일로 빨라져도 지구의 자전 주기보다 여전히 작으므로 달은 동쪽에서 떠야 한다.

EXERCISE 21-1

어젯밤 21시 달이 아래 그림에서 (B)에 있었다. 어젯밤 20시 달의 위치에 가장 가까운 그림은? ( )

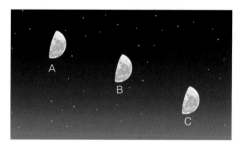

EXERCISE 21-2

QUESTION 21-1에서 오늘 밤 21시 달의 위치는? ( )

EXERCISE 21-3 | OX 문제 |

만일 달의 공전 주기가 6시간으로 줄어들면 달은 서쪽에서 뜬다. ( )

달의 표면

해는 맨눈으로 볼 수 없지만 달은 얼마든지 볼 수 있다. 달의 표면에는 밝은 부분과 어두운 부분이 구분돼 보인다. 밝은 부분은 신록이나 높은 고원 지대이고 어두운 부분은 우리가 바다라고 부르는 낮은 지역이다. 그렇지만 바다라고 해서 물로 채워져 있는 것은 아니다.

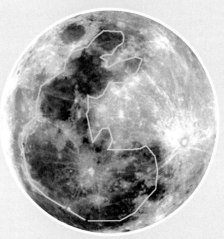

어두운 부분을 보면 마치 토끼가 절구를 찧는 모습을 하고 있다. 우리 민족이 만들어낸 최초의 SF는 아마 떡방아를 찧으며 달에 사는 토끼 이야기일 것이다. **보름달** 때 유심히 관찰해 토끼 맞은편에 있는 '절구와 절굿공이'까지 꼭 확인해 보기 바란다. 상현달 때에는 토끼 쪽 절반이, 하현달 때에는 절구 쪽 절반이 보이게 된다.

달은 언제나 여러 가지 모양으로 위상이 변하는데 이에 따라 출몰시각도 바뀐다. **초승달**은 초저녁 서쪽 하늘에 낮게 떠 있다가 곧 지고, **상현달**은 초저녁 중천에 떠 있다가 자정쯤 진다. **하현달**은 정반대로 자정쯤 떠올라 새벽에 중천에 높이 떠있다. **그믐달**은 새벽에 해가 솟기 직전에 떠 곧 여명 속으로 사라진다.

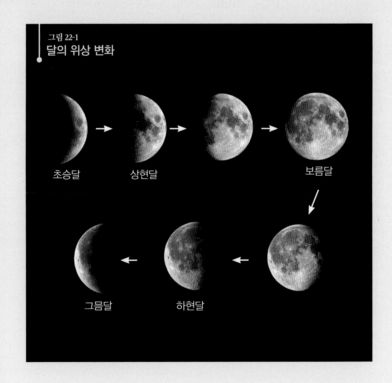

그림 22-1
달의 위상 변화

초승달 → 상현달 → 보름달

그믐달 ← 하현달 ←

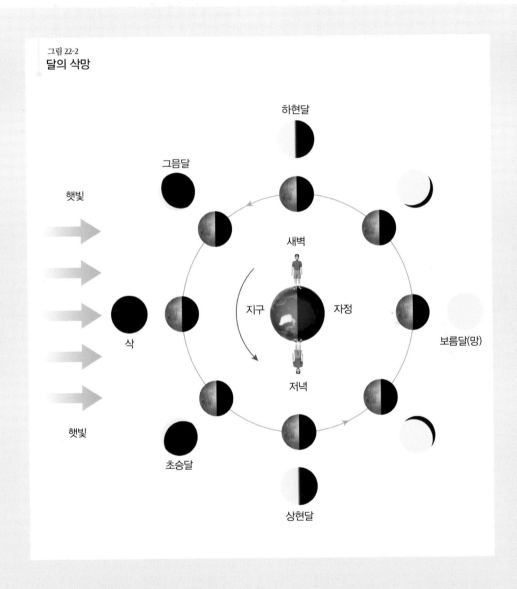

그림 22-2
달의 삭망

QUESTION 22-1
오늘 초저녁 남쪽 하늘에 달이 그림처럼 떠 있었다면
오늘 자정 달의 위치에 가장 가까운 그림은? ( )

QUESTION 22-2
QUESTION 22-1에서 4일 전 초저녁 달의 위치는? ( )

QUESTION 22-3
QUESTION 22-1에서 4일 후 초저녁 달의 위치는? ( )

ANSWER 22-1

정답(C) 달은 천구의 일주운동 때문에 1시간에 약 15°씩 동에서 서로 이동하기 때문이다. 하지만 달의 모양은 눈으로 봐서 변하지 않는다.

- -

ANSWER 22-2

정답(C) 달은 매일 평균 매일 평균 52분씩 더 늦게 뜨고 지기 때문이다. 즉 4일 전 달은 오늘보다 52분×4≒208분, 즉 3시간 이상 일찍 졌기 때문에 초저녁에 서쪽 하늘에 있었어야 했다. 물론 모양은 초승달이었다.

- -

ANSWER 22-3

정답(A) 물론 4일 후 달의 모습은 보름달에 가까울 것이다.

EXERCISE 22-1 | OX 문제 |

상현달이 지는 시각은 초저녁, 자정, 새벽 중 자정에 가장 가깝다. (   )

EXERCISE 22-2 | OX 문제 |

하현달이 지는 시각은 새벽, 정오, 초저녁 중 정오에 가장 가깝다. (   )

EXERCISE 22-3 | OX 문제 |

상현달, 보름달, 하현달 중 밤새 내내 떠 있는 달은 보름달이다. (   )

월출과 월몰

음력 3일 무렵에는 그림에서 보는 바와 같이 해가 질 때 달은 바로 위쪽에 있다. 이때 달보다 멀리 있는 해가 달의 오른쪽 아래 부분을 비춰 눈썹 모양으로 보이게 된다. 이것이 초승달이다. 그러니까 해가 저녁 6시에 진다면 초승달은 8시쯤 지고 따라서 초저녁에만 보이는 것이다.

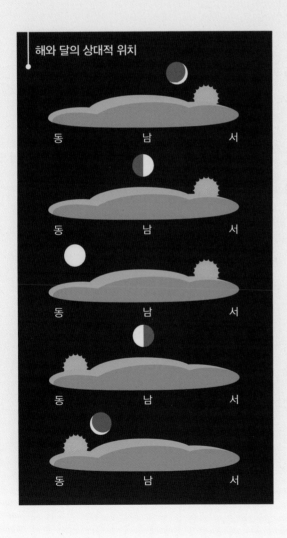

해와 달의 상대적 위치

앞에서 우리는 달이 매일 하늘에서 13도씩 동쪽으로 이동한다는 사실을 알았다. 따라서 음력 3일부터 음력 8일까지 5일 사이 달은 $13° \times 5$일$=65°$ 동쪽으로 이동하게 된다. 그래서 그림에서 보는 바와 같이 음력 3일 저녁 서쪽 하늘 낮게 떠 있던 초승달은 음력 8일이 되면 $65°$ 동쪽으로 이동했기 때문에 저녁에 남쪽 하늘 높이 떠 있는 상현달로 변신하게 되는 것이다.

음력 8일 무렵에는 그림에서 보는 바와 같이 해가 질 때 달은 남쪽 하늘 높이 걸려있다. 이때는 달이 햇빛을 오른쪽에서 받게 되니까, 즉 해가 달로부터 각도로 90° 떨어져 있으니까 달의 절반이 빛나게 된다. 이것이 상현달이다. 그러니까 상현달은 정오에 떠서 저녁 때 남쪽 하늘 높이 걸려 있다가 자정 무렵 지게 된다.

음력 8일부터 음력 15일까지 7일 사이 달은 13°×7일=91° 동쪽으로 이동한다. 그래서 음력 8일 저녁 남쪽 하늘 높이 떠 있던 상현달은 음력 15일이 되면 91° 동쪽으로 이동했기 때문에 동쪽 하늘 낮게 떠 있는 보름달이 되는 것이다. 이하 마찬가지다.

음력 15일, 즉 보름 때는 그림에서 보는 바와 같이 해가 서쪽 하늘에서 질 때 달은 반대편 동쪽 하늘 낮게 떠 있다. 그러니까 달의 전면이 햇빛을 받아 둥근 모습을 하고 있다. 이것이 보름달이다. 보름달은 저녁 때 떠서 자정 무렵 남쪽 하늘 높이 걸려 있다가 새벽에 지게 된다. 즉 밤새 떠 있는 달은 보름달이 유일하다.

여기까지가 저녁 때 볼 수 있는 달이다. 보름이 지나면 새벽이 돼야 달을 볼 수 있게 된다. 막연하게 낮에는 해가 뜨고 밤이 되면 달이 뜬다고 생각하면 안 된다. 음력 22일 무렵에는 해가 뜰 때 달은 남쪽 하늘 높이 걸려있다. 이때도 그림에서 보는 바와 같이 달이 햇빛을 왼쪽에서 받게 되니까, 즉 해가 달로부터 각도로 90° 떨어져 있으니까 달의 절반이 빛나게 된다. 이것이 하현달이다. 그러니까 하현달은 자정에 떠서 새벽에 남쪽 하늘 높이 걸려 있다가 정오 무렵 지게 된다. 즉 '낮에 나온 반달'은 오전이면 하현달, 오후면 상현달이라야 한다.

음력 27일 무렵에는 해가 뜰 때 달은 바로 위쪽에 있다. 이때 달보다 멀리 있는 해가 달의 왼쪽 아래 부분을 비춰 눈썹 모양으로 보이게 된다. 이것이 그믐달이다. 곧 해가 따라 뜨기 때문에 그믐달은 여명 속으로 사라지게 된다.

23 일식

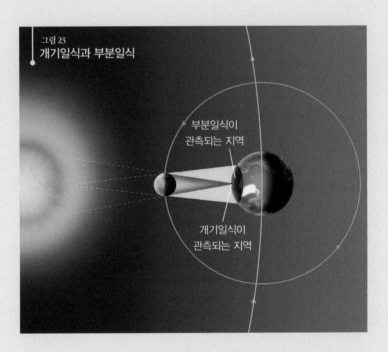

그림 23
개기일식과 부분일식

부분일식이
관측되는 지역

개기일식이
관측되는 지역

일식은 해와 지구 사이에 달이 들어가서 해를 가리는 현상이다. 지구에서 볼 때 해와 달은 크기가 비슷해 일식 현상은 매우 흥미롭게 나타난다.

황도와 백도가 완전히 일치하지 않기 때문에 일식은 드물게 일어나 지구 전체에서 1년에 2~3회 볼 수 있다. 우리나라는 위도가 높아서 거의 구경하기가 어렵고 그나마 일어난다고 해도 달이 해를 완전히 가리는 **개기일식**이 아니라 **부분일식** 정도이다. 때로는 달이 완전히 해를 가리지 못해 해 주위가 반지처럼 보이는 **금환일식**이 일어나기도 한다. 개기일식과 금환일식은 짧은 시간 동안 일어나지만 부분 일식은 몇 시간씩 이어지는 것이 보통이다.

일식은 달이 서쪽에서 동쪽으로 해를 가리며 지나가게 되는데 이는 물론 달의 공전 운동 때문이다.

QUESTION 23-1 |OX 문제|
일식은 보름달 때 일어날 수도 있다. (   )

- -

ANSWER 23-1
정답(X) 일식은 달이 해와 지구 사이에 들어가야 하므로 그믐 때만 일어나게 된다.

> **EXERCISE 23-1** |OX 문제|
> 달도 엄밀히 말해서 지구로부터 멀어졌다 가까워졌다 하는데 이는 달이 타원을 그리면서 지구를 공전하기 때문이다. 금환일식은 달이 지구에 가까이 접근했을 때 일어나는 일식이다. (   )

월식

달이 지구의 그림자 속에 들어가 달의 일부 또는 전부가 가려지는 현상이 **월식**이다. 가려진 부분은 붉은 색을 띠게 되는데, 달의 일부가 가려졌으면 **부분월식**, 전부가 가려졌으면 **개기월식**이라고 한다. 지구 그림자의 크기가 달보다 약 7배나 크기 때문에 개기월식이나 부분월식 모두 일식보다는 상대적으로 더 오래 지속된다.

월식은 달이 지구 그림자를 서쪽에서 동쪽으로 지나가면서 일어나게 되는데 이는 물론 달의 공전 운동 때문이다.

QUESTION 24 -1 | OX 문제 |
일식이 일어난 후 일주일 이내에 월식이 일어나는 일은 가능하다. (   )

- -

ANSWER 24 -1
정답(X) 왜냐하면 일식은 그믐 때 일어나지만 월식은 보름 때 일어나기 때문이다.

> **EXERCISE 24 -1** | OX 문제 |
>
> 금환월식은 일어날 수 없다. (   )

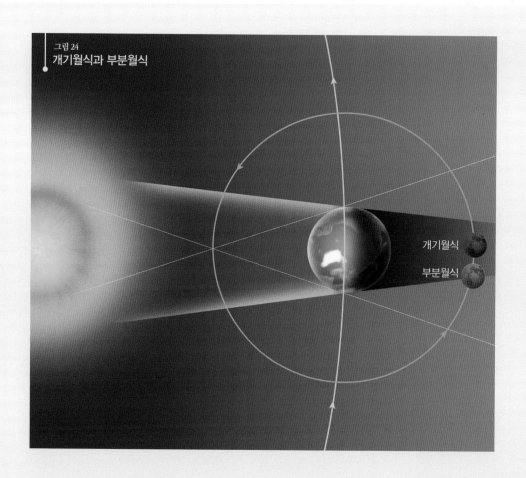

그림 24
개기월식과 부분월식

개기월식

부분월식

25 달력

오늘날 우리가 사용하는 달력 중 **음력**은 달, **양력**은 해를 기준으로 만들어졌다.

삭망월이란 보름에서 다음 보름까지, 또는 그믐에서 그믐까지 걸리는 시간, 즉 약 $29\frac{1}{2}$일을 말한다. 음력은 삭망월을 기준으로 만들었기 때문에 1달의 길이는 29일이나 30일이 된다. 달의 실제 공전 주기인 약 $27\frac{1}{3}$일은 **항성월**이라고 부른다. 태양일과 항성일 경우와 마찬가지로 삭망월은 항성월보다 길다

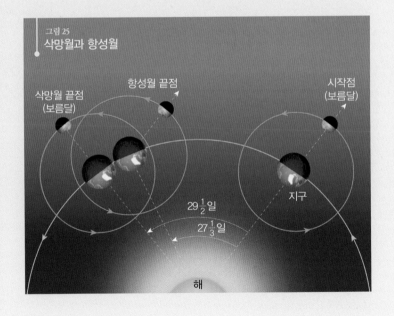

그림 25
삭망월과 항성월

삭망월 끝점
(보름달)

항성월 끝점

시작점
(보름달)

$29\frac{1}{2}$일

$27\frac{1}{3}$일

지구

해

양력은 해를 기준으로 만들어져 있어서 계절의 변화와 잘 일치한다. 양력에서는 지구의 공전 주기가 약 $365\frac{1}{4}$ 일이기 때문에 1년이 365일인 **평년**을 세 번 계속 보낸 후에 1년이 366일인 **윤년**을 둔다. 즉 서기 연도가 4로 나누어 떨어지는 해를 윤년으로 하는 것이다. 하지만 실제로는 1년이 $365\frac{1}{4}$ 일보다는 조금 짧아 400년에 3번은 윤년이 빠져야 된다. 그래서 서기 연도가 100의 배수인 해는 평년으로 하되 동시에 400의 배수일 때만 윤년으로 하고 있다.

QA

QUESTION 25-1 | OX 문제 |
서기 1900년은 평년이다. (   )

QUESTION 25-2 | OX 문제 |
서기 2000년은 윤년이다. (   )

ANSWER 25-1
정답(O) 왜냐하면 1900은 4의 배수이지만 동시에 100의 배수이기 때문이다.

ANSWER 25-2
정답(O) 왜냐하면 2000은 100의 배수이지만 동시에 400의 배수이기 때문이다.

EXERCISE 25-1 | OX 문제 |

서기 2100년은 윤년이다. (   )

EXERCISE 15-1 정답(O) 미국은 우리나라와 같이 북반구에 있으므로 우리나라가 낮이면 밤, 우리나라가 밤이면 낮일 수밖에 없다.

EXERCISE 15-2 정답(X) 미국은 우리나라와 같이 북반구에 있으므로 우리나라와 계절이 같아야 한다.

EXERCISE 16-1 정답(X) 황도와 천구의 적도는 $23\frac{1}{2}^{\circ}$로 교차한다.

EXERCISE 16-2

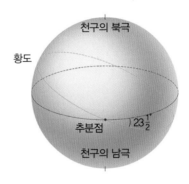

EXERCISE 17-1 정답(O) 춘분점 근처의 별이다.

EXERCISE 18-1 정답(X) 정답은 (C)이다.

EXERCISE 18-2 정답(O) 정답은 여전히 (B)이다.

EXERCISE 18-3 정답(O) 정답은 여전히 (D)이다.

EXERCISE 19-1 정답(X) 적도 지방에서는 항상 낮과 밤의 길이가 같다.

EXERCISE 19-2 정답(O) 하짓날도 마찬가지이다.

EXERCISE 19-3 정답(O) 해는 아침에도 동점에서 $23\frac{1}{2}^{\circ}$ 더 남쪽에서 뜬다.

EXERCISE 20-1 정답(O) 현충일, 즉 6월 6일은 춘분과 추분 사이에 있기 때문이다.

EXERCISE 20-2 정답(O) 한글날, 즉 10월 9일은 추분과 춘분 사이에 있기 때문이다.

EXERCISE 20-3 정답(X) 정동보다 북쪽에서 뜬다.

EXERCISE 20-4 정답(O) 위 문제와 반대이다.

EXERCISE 20-5 정답(O) 동지를 전후해서는 남쪽에서 뜬다.

EXERCISE 20-6 정답(O) 동지를 전후해서는 남쪽에서 뜬다.

EXERCISE 21-1 정답(A) 달은 시간이 지나면 서진하기 때문이다.

EXERCISE 21-2 정답(B) 달은 매일 13°씩 동진하기 때문이다.

EXERCISE 21-3 정답(O) 지구 자전주기보다 빠르기 때문이다.

EXERCISE 22-1 정답(O) 상현달은 정오 무렵 떠서 초저녁 하늘 높이 떠 있다.

EXERCISE 22-2 정답(O) 하현달은 자정 무렵 떠서 새벽 하늘 높이 떠 있다.

EXERCISE 22-3 정답(O) 보름달은 해가 질 때 떠서 해가 뜰 때 진다.

EXERCISE 23-1 정답(X) 금환일식은 달이 지구에 멀리 있을 때 일어난다.

EXERCISE 24-1 정답(O) 지구의 그림자가 훨씬 더 크기 때문이다.

EXERCISE 25-1 정답(X) 2100년은 400으로 나누어 떨어지지 않으므로 평년이다.

PART 3

수성과 금성 같은 내행성은 지구에서 보면 해를 중심으로 왕복운동을 한다.

그리하여 해의 동쪽에 있을 때에는 저녁에, 서쪽에 있을 때에는 아침에 볼 수 있게 된다.

항상 해의 언저리에 있기 때문에 밤이 깊어지면 내행성은 보이지 않는다.

화성, 목성, 토성 같은 외행성은 내행성과 달리 깊은 밤에도 볼 수 있다.

지구를 기준으로 해의 반대편에 있을 때 가장 밝아지며 자정에 높이 뜬다.

별들은 1년 내내 볼 수 있는 주극성, 반대로 1년 내내 볼 수 없는 전몰성,

계절에 따라 뜨고 지는 출몰성으로 나뉜다.

별의
운동

MOTION OF THE STARS

26

행성의 시운동 I

태양계를 이루는 작은 천체 중 해를 공전하는 우리 지구와 같은 것들은 **행성**이라고 부른다. 행성은 지금까지 밝혀진 것으로서 수성, 금성, 지구, 화성, 목성, 토성, 천왕성, 해왕성 등 8개가 있다. 행성은 스스로 빛을 내지는 못하지만 햇빛을 반사해 우리 눈에는 마치 별처럼 보인다. 따라서 우리가 밤하늘에 보이는 별을 말할 때는 행성도 포함되는 것이지만 천문학에서는 보통 별이라고 부를 때에는 행성을 포함시키지 않는다.

지구에서 해까지의 거리를 **1천문단위**(AU, Astronomical Unit)라고 하는데 이 거리는 약 1억 5천만 km에 해당된다. 수성과 금성은 해로부터 각각 약 0.39AU, 0.72AU 만큼 떨어져 있다. 그런데 행성이 해에서 멀어지면 멀어질수록 그 거리는 급격히 늘어나서 명왕성의 경우는 해로부터 40AU 정도 멀리 떨어져 있다.

행성들은 언제나 황도 근처에서 발견된다. 이는 우리 태양계가 거의 한 평면상에서 이루어져 있기 때문이다. 즉 행성들은 황도 12궁 근처에만 위치할 수 있지 예를 들어 북두칠성 옆으로는 갈수 없다는 뜻이다. 행성들도 천구의 일주운동에 따라 매일 뜨고 지지만 몇 달 동안 관측해 보면 천구 상을 이동한다. 행성의 시운동을 공부할 때 가장 먼저 알아야 될 것은 행성은 한 자리에 머물지 않는다는 사실이다. 행성이란 이름도 여기서 유래된 것이다. 따

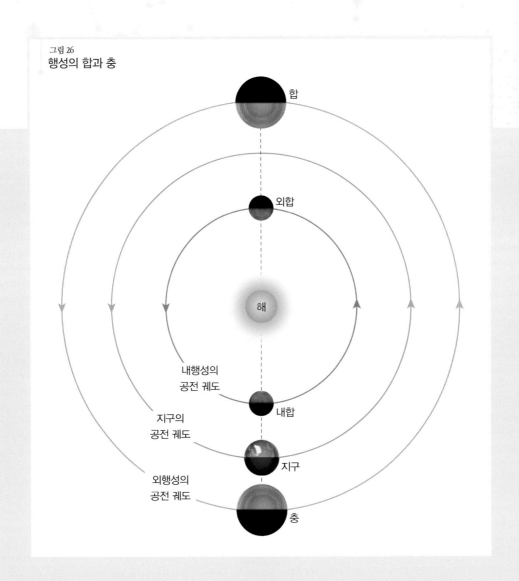

그림 26
행성의 합과 충

합

외합

해

내행성의
공전 궤도

내합

지구의
공전 궤도

지구

외행성의
공전 궤도

충

라서 '목성은 가을철에 보인다' 라는 식으로 말할 수 없다.

　행성 중 지구보다 해에 더 가까운 수성과 금성을 **내행성**이라고 하고 지구보다 해에서 더 멀리 떨어져 있는 화성, 목성, 토성, 천왕성, 해왕성, 명왕성을 **외행성**이라고 한다. 행성이 해와 같은 방향에 있을 때를 우리는 **합**이라고 한다. 내행성의 경우에는 해의 앞에 있을 수도 있고 뒤에 있을 수도 있는데, 앞의 것을 **내합**, 뒤의 것을 **외합**이라고 부른다. 어느 경우이든지 내행성은 보이지 않는다.

외행성의 경우에는 합 외에도 지구에 가장 접근하는 충도 있다. 충일 때 외행성은 지구에 가까울 뿐 아니라 자정 무렵 남중하기 때문에 좋은 관측 기회가 된다. 지구에서 보았을 때 한 행성이 합이었다가 다시 합이 될 때까지, 또는 충이었다가 다시 충이 될 때까지를 그 행성의 **회합 주기**라고 한다. 여기서 물론 내행성의 경우는 내합(외합)에서 다음 내합(외합)까지를 의미한다. 회합 주기가 가장 짧은 행성은 공전 주기가 가장 짧은 수성이고, 가장 긴 행성은 지구보다 공전 주기가 길며 비슷한 화성이다.

QUESTION 26-1 | OX 문제 |
회합 주기가 가장 짧은 행성은 수성이다. (   )

- -

ANSWER 26-1
정답(O) 수성은 공전 주기가 가장 짧기 때문이다.

EXERCISE 26-1 | OX 문제 |
회합 주기가 가장 긴 행성은 해왕성이다. (   )

행성의 이름

해와 달은 물론 수성, 금성, 화성, 목성, 토성 등 5개의 행성은 맨눈으로도 잘 보이기 때문에 동서양에서 독자적으로 연구돼왔다. 따라서 음양오행설에 기반을 두어 명명된 수성, 금성, 화성, 목성, 토성 등의 이름은 영어의 머큐리(Mercury), 비너스(Venus), 마르스(Mars), 주피터(Jupiter), 새턴(Saturn) 등과 아무런 상관이 없다. 사실 근세 이전에는 동서양의 천문학 중 어느 쪽이 더 훌륭했다고 말하기 어렵다. 하지만 천체 망원경이 서양에 등장한 이후 천문학의 주도권은 서양으로 넘어가게 된다. 그리하여 천체 망원경으로 발견된 천왕성, 해왕성, 명왕성은 서양에서 붙여진 이름 우라노스(Uranus), 넵튠(Neptune), 플루토(Pluto)를 직역한 이름을 갖게 되는 것이다.

우리 눈에 해, 달, 별이 뜨고 지는 것처럼 보이기 때문에 지구를 우주의 가운데라고 생각한 일은 원시시대나 고대에서 지극히 자연스러운 일이었다. 이 우주를 우리는 흔히 천동설 우주라고 부르고 현재 우리가 알고 있는, 해가 가운데에 있고 지구가 다른 행성들과 함께 공전하는 우주를 지동설 우주라고 부른다. 하지만 이 이름도 조금 혼돈을 준다. 하늘과 땅(지구)으로 나누기보다는 해와 지구로 구분했어야 더 의미가 정확하다. 즉 일동설, 지동설이 천동설, 지동설보다는 과학적이라는 이야기다. 영어로 지오센트릭(geocentric) 우주는 천동설 우주를 의미하고, 헬리오센트릭(heliocentric) 우주는 지동설 우주를 의미한다는 사실에도 유의하자. 즉 지구(geo)가 중앙에 있으니까 천동설, 해(helio)가 중앙에 있으니까 지동설이라는 이야기다.

27

행성의 시운동 II

내행성은 지구에서 볼 때 해를 중심에 두고 일정한 주기로 동서로 왕복운동을 한다. 그러나 공전 궤도의 크기가 상대적으로 작기 때문에 해로부터 일정한 각거리 이상 멀어질 수 없는데, 그 한계가 되는 각을 **최대이각**이라고 한다. 내행성이 해의 동편, 서편에 있을 때의 최대이각을 각각 **동방 최대이각, 서방 최대이각**이라고 한다.

예를 들어 금성이 동방최대이각의 위치에 있을 경우 어떻게 관측될 것인지 알아보자. 금성은 해의 동쪽(동방)에 있으므로 새벽에 해보다 늦게 떠오를 것이다. 따라서 새벽에는 보이지 않을 것이다. 그러나 그 날 저녁 금성은 해보다 나중에 지게 돼 저녁놀 속에서 아름답게 빛날 것이다. 마찬가지로 서방최대이각의 위치에 가까이 있을 경우에 내행성은 새벽별이 되는 것이다.

행성들의 궤도는 원에 가깝기 때문에 동방최대이각과 서방최대이각은 대개 같고, 수성의 경우에는 약 $28°$, 금성의 경우에는 약 $48°$가 된다. 그림에서 금성이 동방 최대이각을 가질 때 마침 저녁달인 초승달과 서편 하늘에 같이 보이는 모습으로 묘사돼 있다. 이때 쌍안경이나 작은 천체망원경으로 봐도 금성은 작은 반달처럼 보인다.

여기서 금성의 위치가 지는 해의 바로 위가 아니라 왼쪽 상단이라는 사실에 주의해야 한다. 왜냐하면 우리나라에서 볼 때 황도는 기울어져 있기 때문이다. 내행성은 절대로 한밤중에 보일 수 없

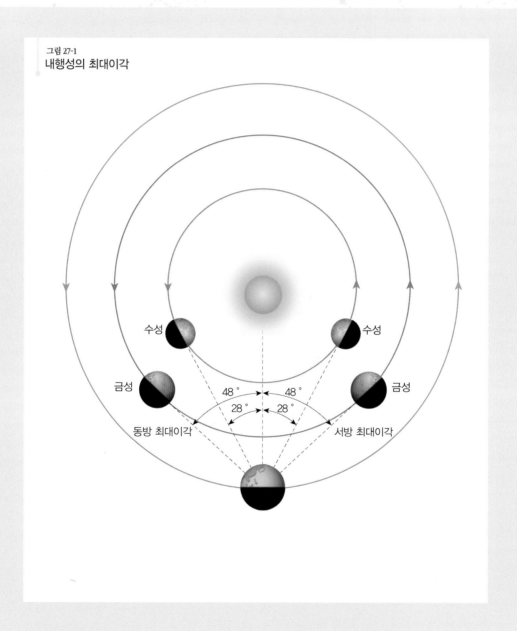

그림 27-1
내행성의 최대이각

수성

수성

금성

48° 48°

금성

28° 28°

동방 최대이각

서방 최대이각

그림 27-2
금성의 동방최대이각

금성

각거리 48°

서

관측자

다는 사실에도 주의해야 한다. 왜냐하면 내행성은 지구를 중심으로 해의 반대편 쪽으로 갈 수 없기 때문이다.

금성의 공전 주기는 225일이고 회합 주기는 584일이다. 따라서 금성은 584일을 주기로 새벽에 보였다가, 안 보였다가, 저녁에 보였다가, 안 보이는 일을 되풀이하게 된다. 금성은 최대이각이 크고 매우 밝아서 찾기가 쉽다. 수성의 공전 주기는 88일이고 회합 주기는 116일이다. 따라서 수성은 116일을 주기로 새벽에 보였다가, 안 보였다가, 저녁에 보였다가, 안 보이는 일을 되풀이하게 된다. 하지만 수성은 최대이각이 작고 금성보다 흐려서 찾기가 어렵다.

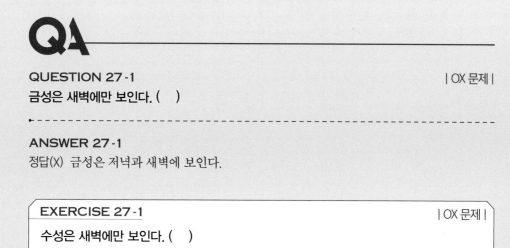

QA

QUESTION 27-1 | OX 문제 |

금성은 새벽에만 보인다. (　)

- -

ANSWER 27-1

정답(X) 금성은 저녁과 새벽에 보인다.

EXERCISE 27-1 | OX 문제 |

수성은 새벽에만 보인다. (　)

28

행성의 시운동 Ⅲ

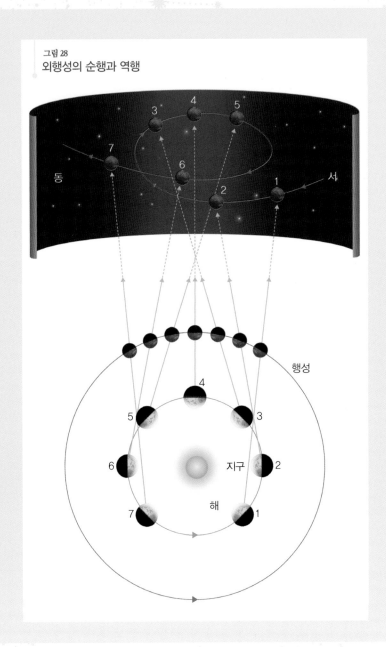

그림 28
외행성의 순행과 역행

외행성이 천구 상에서 동쪽으로 이동하는 것을 **순행**, 서쪽으로 이동하는 것을 **역행**이라고 한다. 여기서 순행이란 행성이 실제로 공전하는 방향 그대로 우리 눈에 보인다는 뜻이고, 역행이란 행성의 공전 방향과 반대로 우리 눈에 보인다는 뜻이다. 외행성의 역행은 지구의 공전 각속도가 외행성의 공전 각속도보다 크기 때문에 일어나는 것이다. 순행에서 역행으로 또는 역행에서 순행으로 바뀔 때 행성이 천구 상에서 잠시 정지해 있는 것처럼 보이는 현상을 **유**라고 부른다.

화성의 공전 주기는 2년보다 조금 짧은 687일이고 회합 주기는 780일이다. 따라서 화성은 780일마다 충의 위치로 다가오고 역행하게 된다. 화성은 실제로도 붉게 보여 이름과 잘 어울린다. 목성의 공전주기는 11.86년이고 회합주기는 399일, 토성의 공전주기는 29.46년이고 회합주기는 378일이다.

QUESTION 28-1

| OX 문제 |

화성은 자정 무렵 보일 수도 있다. (   )

- -

ANSWER 28-1
정답(O) 화성은 외행성이므로 충일 때에는 자정 무렵 높이 남중한다.

EXERCISE 28-1 | OX 문제 |
목성이 올 겨울 잘 보였다면 내년에는 여름에 잘 보인다. (   )

일월오봉도

　서양의 아리스토텔레스는 자연철학자들의 고대 우주론을 집대성해 4가지 원소를 주장했다. 즉 물, 불, 공기, 흙이 어떤 비율로 배합돼 우주의 모든 물질을 만들어낸다고 주장했던 것이다. 흙은 물속에서 가라앉고 공기방울은 물속에서 떠오르므로, 공기 중에서 타오르는 불이 4원소 중에서 가장 가벼웠다. 따라서 밑에서부터 흙, 물, 공기, 불의 순서로 배열된다면 운동이란 있을 수가 없는 것이 아리스토텔레스의 우주다.

　하지만 실제로는 그 배합이 마구 뒤섞여 있기 때문에 우주에서는 끊임없는 변화가 일어나게 된다. 예를 들어, 흙 성분이 강한 것으로 믿어지는 쇠는 공기 중에서 밑으로 떨어질 수밖에 없다. 따라서 아리스토텔레스의 운동론에서 무게란 지구의 중심을 향해 떨어지려는 척도와 같기 때문에 더 무거운 물체는 더 빨리 아래로 떨어져야 한다. 이 잘못된 개념은 근세에 이르러 갈릴레이가 피사의 사탑에서 무게가 다른 2개의 물체를 떨어트려 동시에 땅에 떨어진다는 사실을 증명할 때까지 의심받지 않고 전수됐다.

　동양의 태호복희도 아리스토텔레스와 유사하게 물, 나무, 불, 흙, 쇠 등 5원소로 구성된 우주를 생각했다. 그런데 태호복희의 5원소는 서로 상생하고 상극하는 상호작용까지 한다. 단순히 자연을 구성하기만 하는 아리스토텔레스의 4원소에 비하면 훨씬 더 발전된 모습을 보여주고 있는 것이다. 하지만 우리나라 학교에서는 왜 아리스토텔레스 4원소만 가르치고 태호복희의 5원소는 안 가르치는지 이해하기 어렵다.

　경복궁 근정전 옥좌 뒤에는 일월오봉도 병풍이 있다. 한자로 쓰면 '日月五峰圖'이니 해와 달과 5개의 산봉우리라는 뜻이다. 즉 천문학적으로는 태음, 태양, 오행성을 망라한 음양오행 우주를 상징하고 있는 병풍이다. 일월오봉도는 세종대왕이 등장하는 대한민국 만원 지폐 앞면을 장식하고 있다.

근정전의 일월오봉도

만 원 지폐 앞면

오성결집

천구에서 목성과 토성은 20년마다 접근한다. 목성과 토성은 공전주기가 길어 천구에서도 천천히 운행하기 때문에 일단 접근하면 5~6년 동안 나란히 있다. 따라서 이때 천구에서 상대적으로 빨리 운행하는 수성, 금성, 화성이 접근하면 맨눈으로 오성, 오행성을 한꺼번에 볼 수 있게 된다.

이렇게 행성이 모이는 현상을 오성결집이라고 한다. 즉 오성결집은 20년마다 한두 차례씩 일어나게 된다. 하지만 오성이 각거리 ~10°안으로 완벽하게 모이는 오성결집은 대략 300년에 한 번밖에 일어나지 않는다. 이런 '촘촘한' 오성결집은 옛날 천문학자들로부터 주목을 받았음에 틀림없다.

가장 유명한 오성결집은 '환단고기'의 '무진오십년오성취루(戊辰五十年五星聚婁)' 기록이다. 여기서 '무진오십년'은 BC 1733년을 말하고 '취'는 모인다는 뜻이고 '루'는 동양 별자리 28수의 하나다. 즉 이 문장은 'BC 1733년 오성이 루 주위에 모였다' 같이 해석된다.

이 오성취루 기록의 검증은 간단하다. 천문 소프트웨어를 돌려보면 BC 1734년 7월 중순 저녁 서쪽 하늘에는, 왼쪽에서부터 오른쪽으로, 화성·수성·토성·목성·금성 순서로 오성이 늘어선다는 사실을 누구나 확인할 수 있다. 오차가 1년 있기는 하지만 약 3800년 전 일을 추정하는 입장에서 보면 이것이 바로 오성취루라고 봐야 한다. 그 당시 달력이 어땠는지 알 길이 없기 때문에 더욱 그렇다.

어쨌든 중요한 사실은 오성결집이 실제로 일어났고 옛 기록이 옳다는 것이다. 오성취루 같은 천문현상을 임의로 맞추거나 컴퓨터 없이 손으로 계산하는 일은 불가능하다. 따라서 BC 1734년 우리 조상들은 천문현상을 기록으로 남길 수 있는 조직과 문화를 소유하고 있었음을 알 수 있다. 즉 천문대를 가진 단군조선은 고대국가였던 것이다. 이제 더 이상 단군조선을 신화의 나라로 치부하는 일이 없어야겠다.

백두산에 그려진 오성취루   백두산에 그려진 오성개합

더 오래된 오성결집 기록은 '천문류초'에 있다. 이 책은 세종대왕의 명에 의해 천문학자 이순지가 옛 기록들을 모아 편찬한 것이다. 이 책에는 삼황오제 중 하나인 전욱고양 시대에 '일월오성개합재자(日月五星皆合在子)' 현상이 있었다 적고 있다. 즉 '해와 달과 오성이 자방에 모였다'는 기록이다.

이 오성개합은 중국에서 전설로 여겨지고 있는 삼황오제 시대가 실제 역사였다는 사실을 증명한다. 삼황오제의 삼황은 태호복희, 신농염제, 헌원황제를 말하고 오제는 소호금천, 전욱고양, 제곡고신, 요, 순을 말한다. 오성개합은 두 번째 오제 전욱고양 시대에 일어난 오성결집 현상인 것이다.

'천문류초'에 따르면 오성개합은 BC 2467 갑인년에 일어났어야 했다. 오성취루보다 약 700년 전에 일어난 오성결집인 것이다. 천문 소프트웨어를 돌려보면 BC 2470년 9월 새벽 동쪽 하늘에, 왼쪽에서부터 오른쪽으로, 화성·수성·토성·목성·금성 순서로 오성이 늘어선다는 사실을 확인할 수 있다. 오차가 3년 있기는 하지만 중요한 사실은 오성결집이 실제로 일어났고 옛 기록이 옳다는 것이다.

오성개합이 왜 우리나라 천문서적에 기록돼 있을까? 이는 삼황오제가 모두 배달족이었기 때문이다. 단군조선 바로 앞의 나라, 환웅배달의 존재도 오성결집으로 증명된 셈이다.

29

별의 시운동 Ⅰ

그림 16의 천구를 북극 중심으로 투영한 작도법에 의해 그린 것이 그림 29다. 즉 그림 16의 천구 밑 부분을 펼쳐 다리미질했다 생각하면 되겠다. 그러면 적도는 그림 29에서 보는 바와 같이 동심원을 그리게 되고 황도는 동심원이 아닌 원을 그리게 된다.

위도가 ϕ인 북반구상 관측자는 $\delta > 90° - \phi$인 별들을 계절에 무관하게 1년 내내 볼 수 있다. 이 별들을 **주극성**이라 한다. 예를 들어, 우리나라에서는 북극성과 그 주위의 별들이 주극성이 된다. 반대로 $\delta < -(90° - \phi)$인 별들은 1년 내내 보이지 않는 전몰성이 된다. 예를 들어, 남십자성은 우리나라 관측자에 대해 전몰성이다.

QA

QUESTION 29-1 | OX 문제 |

북극상의 관측자에 대해서는 천구의 북반구 모든 별들이 주극성이 된다.
(　)

ANSWER 29-1
정답(O) 북극상의 관측자에 대해 별들은 뜨거나지지 않기 때문이다.

EXERCISE 29-1 | OX 문제 |

북극상의 관측자에 대해 천구의 남반구에 위치한 모든 별은 전몰성이 된다. (　)

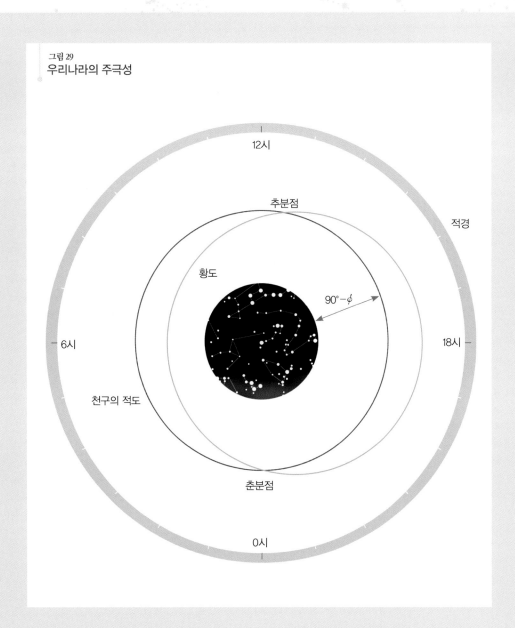

그림 29
우리나라의 주극성

12시

추분점

적경

황도

$90° - \phi$

6시

18시

천구의 적도

춘분점

0시

30 별의 시운동 II

주극성과 전몰성 사이, 즉 $-(90°-\phi)<\delta<90°-\phi$인 별들은 계절에 따라 뜨고 지는 출몰성이 된다.

출몰성 중에서 춘분점 주위에 있는 것들은 가을철, 하지점 주위에 있는 것들은 겨울철, 추분점 주위에 있는 것들은 봄철, 동지점 주위에 있는 것들은 여름철 별자리를 이룬다.

그림 30-1
우리나라의 출몰성

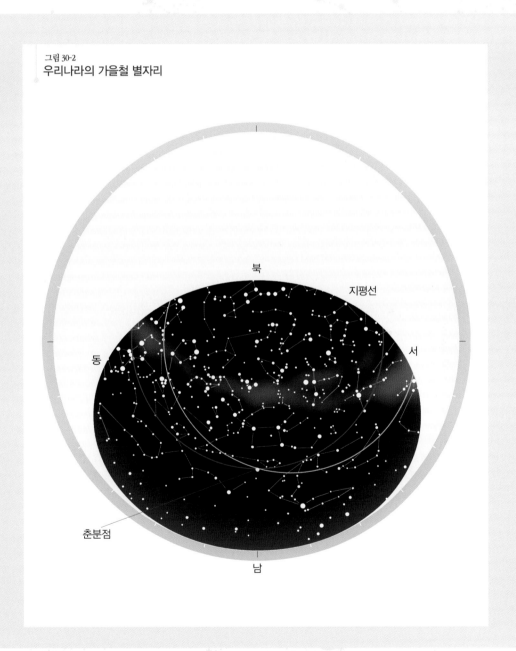

그림 30-2
우리나라의 가을철 별자리

예를 들어, 10월 1일 0시에 보이는 가을철 별자리들은 그림 30-2와 같다. 그림에서 밤하늘을 올려다보기 때문에 동서 방향이 바뀐 점에 유의하라.

출몰성들은 천구의 연주운동에 의해서 매일 약 4분씩 일찍 뜬다. 따라서 15일이 지나면 1시간 가량 일찍 뜨게 된다. 예를 들어 바로 앞의 10월 1일 밤 0시의 밤하늘은 9월 15일 밤 1시, 10월 15일의 밤 11시, 10월 30일의 밤 10시, ……, 밤하늘과 거의 똑같게 된다.

QUESTION 30-1 | OX 문제 |
7월 자정 무렵 밤하늘에 높이 떠 있던 여름철 별자리는 가을인 10월에는 새벽에 높이 떠 있게 된다. (   )

- -

QUESTION 30-2 | OX 문제 |
여름철 별자리는 겨울에는 볼 수 없다. (   )

- -

ANSWER 30-1
정답(X) 여름철 별자리들은 가을에는 초저녁에 높이 떠 있다가 밤이 깊어짐에 따라 서편으로 진다.

- -

ANSWER 30-2
정답(O) 겨울 초저녁에는 가을철 별자리, 겨울 자정 무렵에는 겨울철 별자리, 겨울 새벽에는 봄철 별자리를 볼 수 있지만 여름철 별자리들은 낮에 뜨기 때문에 볼 수 없다.

EXERCISE 30-1 | OX 문제 |
7월 자정 무렵 밤하늘에 높이 떠 있던 여름철 별자리는 봄인 4월에는 새벽에 높이 떠 있게 된다. (   )

천상열차분야지도

1392년 고려를 무너트리고 새로 조선을 건국한 태조 이성계는 백성들이 이를 하늘의 뜻으로 받아들여주기를 바랐다. 그러던 중 고구려 성좌도 탁본을 얻게 되자 그는 뛸 듯이 기뻐하며 이를 돌에 새길 것을 명한다. 그리하여 태조 4년, 즉 1396년에 완성하니 이것이 현재 경복궁에 보존되고 있는 국보 제228호 천상열차분야지도다.

천상열차분야지도는 '하늘의 모습을 순서대로 분야별로 그린 그림'이란 뜻이다. 천상열차분야지도를 만들기 위해 개국공신 권근은 글을 짓고 류방택은 천문계산을 했으며 설경수는 글씨를 썼노라고 비문에 적혀 있다.

천상열차분야지도는 1247년에 만들어진 중국의 순우천문도의 뒤를 이어 세계에서 두 번째로 오래된 석각천문도다. 하지만 천상열차분야지도 오른쪽 아래 부분에 당초 조선태조에게 바쳐진 탁본의 원본이 평양성에 있었다가 전란 중 강에 빠졌다고 새겨져 있다. 즉 그 원본은 순우천문도보다 수백 년 전에 만들어졌다는 사실을 깨닫게 된다!

한국천문연구원 세종홀 중앙의 천상열차분야지도 복제본

천상열차분야지도

대표적인 '땅의 지도' 대동여지도는 김정호가 어떤 고생을 해 만들었는지 모르는 국민이 없다. 하지만 대표적인 '하늘의 지도' 천상열차분야지도에 대해서는 대부분의 국민이 모르고 있다. 만 원 지폐 뒷면 왼쪽에는 국보 230호인 혼천의가, 오른쪽에는 한국천문연구원 보현산천문대 1.8m 광학망원경이 소개돼 있고, 가운데 바탕에는 국보 228호 천상열차분야지도가 깔려 있다.

만 원 지폐 뒷면

혼천의 톱니바퀴 부분을 자세히 보면 북두칠성이 있다. 끝에서 두 번째 별 미자르(Mizar) 바로 옆에 아주 흐린 별 알코르(Alcor)가 붙어 있음을 알 수 있다. 알코르는 아무리 눈이 좋아도 깜깜한 시골에 가야만 볼 수 있다.

31 은하수의 시운동

해와 같은 별들이 약 1천억 개가 모여 이루는 집단을 **은하**라고 한다. 우리 태양계가 속한 우리 은하는 지름이 10만 광년에 이르고 가운데가 두꺼운 볼록렌즈 모양의 거대한 소용돌이 구조를 갖는다. 태양계는 우리 은하의 중심으로부터 약 3만 광년 떨어진 곳에 자리잡고 있다.

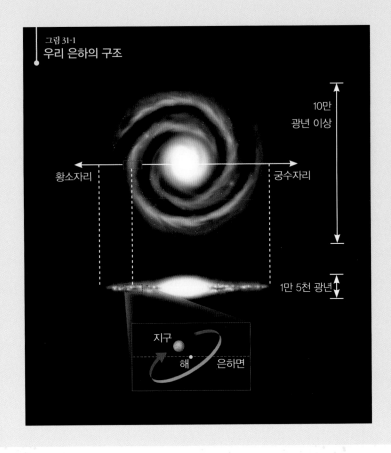

그림 31-1
우리 은하의 구조

10만
광년 이상

황소자리

궁수자리

1만 5천 광년

지구

해   은하면

그림 31-2
우리 은하의 중심 부분
(한국천문연구원)

태양계에서 볼 때 우리 은하의 중심 방향은 여름철 별자리인 궁수자리 방향과 일치하고 그 반대 방향은 겨울철 별자리인 황소자리 방향과 일치한다. 우리 은하가 우리 눈에 띠처럼 길게 보이는 것을 은하수라고 한다. 은하수는 당연히 궁수자리 근처에서 가장 두껍고 휘황찬란하다.

QUESTION 31-1 |OX 문제|
은하수는 어느 계절이든 자정 무렵이면 하늘 높이 떠 있다. (　)

- -

ANSWER 31-1
정답(X) 은하수는 여름철 별자리인 궁수자리와 겨울철 별자리인 황소자리를 지나므로 여름철과 겨울철 자정 무렵 하늘 높이 걸려 있게 된다. 즉 봄철과 가을철 자정 무렵에는 하늘에 높이 걸린 은하수를 볼 수 없다.

EXERCISE 31-1 |OX 문제|
은하수는 하루에 한 번씩 뜨고 진다. (　)

EXERCISE 풀이

EXERCISE 26-1 정답(X) 해왕성의 회합주기는 거의 1년이다.

EXERCISE 27-1 정답(X) 수성도 금성과 마찬가지로 새벽과 저녁에 보인다.

EXERCISE 28-1 정답(X) 목성은 공전주기가 길기 때문에 올 겨울 잘 보였다면 내년에도 거의 겨울에 잘 보이게 된다.

EXERCISE 29-1 정답(O) 마찬가지로 남반구상의 관측자에 대해서는 천구의 북반구에 위치한 모든 별이 전몰성이 된다.

EXERCISE 30-1 정답(O) 별은 매일 4분씩 일찍 뜬다.

EXERCISE 31-1 정답(O) 은하수도 당연히 매일 뜨고 진다.

부록

간단한 수식으로
이해하는 우주

1. 뉴턴의 운동 법칙

먼저 물체의 운동을 기술하는 가장 기본적인 개념의 하나인 속도부터 살펴보자. 머리 속에 속도의 개념이 없는 사람은 아마 없을 것이다. 어떤 사람이 자동차를 타고 2시간 걸려서 144km를 달렸다면 그 자동차의 (평균)속도는 시속 72km 또는 환산해 초속 20m가 된다. 즉 속도는 운동한 거리를 단순히 시간으로 나누어 얻게 되고 단위는 km/시, m/분, cm/초 등으로 주어진다. 그리고 그 개념 또한 우리 일상생활에서 말하는 '속도'와 비슷하기 때문에 이해하는 데 별 어려움이 없다.

지금부터 특별한 경우가 아니면 길이의 단위로는 cm, 질량의 단위로는 g, 시간의 단위로는 초를 사용하겠다. 이 단위들을 CGS단위계라 하는데, 길이의 C는 cm, 질량의 G는 g, 시간의 S는 초를 각각 의미한다.

물체가 직선상을 일정한 속도로 움직이는 운동을 우리는 **등속도 운동**이라고 한다. 등속도 운동의 경우 이동 거리 x, 속도 v, 시간 t 사이에는

$$v = v_0 \qquad (1)$$
$$v = vt + x_0 \quad (2)$$

와 같은 관계가 있다. 여기서 v_0은 초속도, x_0은 처음 위치를 의미한다. 식 (1)은 등속도 운동의 경우 물체의 속도는 언제나 초속도와 같다는 당연한 사실을 의미한다. 식 (2)는 바로 관계식 (거리)=(속도)×(시간)을 의미한다.

속도에 비해 **가속도**는 그 의미가 훨씬 더 까다롭고 우리가 일상생활에서 우리가 쓰는 말 '가속도'와도 많은 차이가 있다. 그리고 단위도 cm/초^2 처럼 주어져서 물리적 의미가 바로 이해되지 않는다. 물체의 운동을 기술함에 있어서 가속도는 속도가 변하는 요인이 된다. 따라서 물체가 점점 빨라지는 경우에만 가속도가 있는 것이 아니고, 점점 느려지는

경우에도 가속도는 존재한다. 앞의 경우는 가속도의 방향이 속도의 방향과 같고, 뒤의 경우는 방향이 반대라고 정의한다. 뒤의 경우 속도가 (+) 부호를 가지면 가속도는 (−), 속도가 (−) 부호를 가지면 가속도는 (+) 부호를 갖는다.

직선 운동의 경우 가속도가 0이라는 말은 물체의 속도가 변하지 않는다는 뜻이다. 즉 등속도 운동을 말한다. 따라서 가속도를 a라면 등속도 운동의 경우에는

$$a = 0 \qquad (3)$$

이 된다. 이 경우, $v_0 > 0$, $x_0 > 0$을 가정하면, 식 (1), (2), (3)으로 주어지는 등속도 운동의 그래프는 [그림 1]과 같이 주어진다.

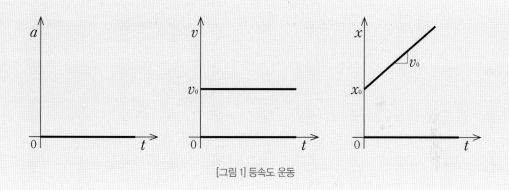

[그림 1] 등속도 운동

주의할 사항은 [그림 1]에서는 물체가 마치 $45°$ 방향으로 가는 것처럼 그려져 있지만 실제로는 x-축을 따라 수직으로 올라가고 있다는 점이다.

직선 운동의 경우 가속도가 0이 아닌 상수의 값을 갖는다는 말은 물체의 속도가 일정한 변화율을 유지하며 빨라지거나 느려지고 있다는 것을 의미한다. 즉 가속도가 초가속도 a_0값으로

$$a = a_0 \qquad (4)$$

와 같이 일정할 때 물체는 **등가속도 운동**을 하게 된다. 이 경우 초속도 $v0$인 물체가 시간 t 가 경과한 후 v라는 속도를 갖게 되면 가속도 a는

$$a = a_0 = \frac{v - v_0}{t} \qquad (5)$$

로 정의된다. 예를 들어, v_0=3cm/초 로 운동하던 물체가 4초 후 v=7cm/초의 속도를 갖도록 가속됐다면 이 때 가속도는 a=1cm/초^{2}이 된다. 식 (5)를 변형하면

$$v = v_0 + a_0 t \qquad (6)$$

를 얻는다. 식 (6)에서 알 수 있듯이 초속도가 0인 물체도 가속도가 존재하면 시간이 경과한 후 속도의 값은 0이 아님을 알 수 있다.

등가속도 운동을 하는 경우 거리 x는 어떻게 변하는지 알아보자. 이 경우 v와 v_0은 같지 않으므로 두 속도의 평균값에 시간 t를 곱해야만 한다. 따라서 처음 위치를 x_0라 하면

$$\begin{aligned}
x &= \frac{v_0 + v}{2} t + x_0 \\
&= \frac{v_0 + v_0 + a_0 t}{2} t + x_0 \quad (7) \\
&= \frac{1}{2} a_0 t^2 + v_0 t + x_0
\end{aligned}$$

를 얻는다. 식 (7)로 주어지는 x-t그래프는 어떻게 그려지는지 알아 보자. 식 (7)은

$$x = \frac{1}{2} a_0 t^2 + v_0 t + x_0$$

$$= \frac{a_0}{2} \{ t^2 + \frac{2v_0}{a_0} t + \left(\frac{v_0}{a_0}\right)^2 - \left(\frac{v_0}{a_0}\right)^2 \} + x_0$$

$$= \frac{a_0}{2} \left(t + \frac{v_0}{a_0} \right)^2 - \frac{v_0^2}{2a_0} + x_0$$

과 같이 변형될 수 있으므로, 꼭짓점이

$$\left(-\frac{v_0}{a_0}, \ -\frac{v_0^2}{2a_0} + x_0 \right)$$

이고 기울기가 $\frac{a_0}{2}$ 인 포물선임을 알 수 있다.

따라서 $t > 0, a_0 > 0, v_0 > 0$을 가정하면 식 (4), (6), (7)로 주어지는 등가속도 운동의 그래프는 [그림 2]처럼 그려진다. 즉 등가속도 운동의 경우 시간이 지남에 따라 거리는 등속도 운동의 경우보다 급격히 변하게 된다.

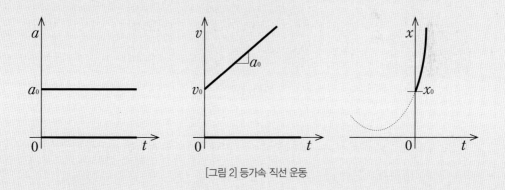

[그림 2] 등가속 직선 운동

역시 주의할 사항은 [그림 2]에서는 물체가 포물선 운동을 하는 것처럼 그려져 있지만 실제로는 x-축을 따라 수직으로 올라가고 있다는 점이다.

이제 **뉴턴의 운동 법칙**을 공부해보자. 물체의 운동을 기술할 때 힘이란 한마디로 가속도의 원인이 되는 것이라고 생각하면 문제가 없다. 예를 들어 어떤 물체가 직선 위에서 등속도 운동을 한다면 가속도가 0인 운동을 하는 상태이므로 힘을 전혀 받지 않고 있다고 말할 수 있다. 어떤 물체의 속도가 점점 빨라지거나 느려진다면 가속도가 존재하는 상태이므로 이는 힘이 작용한 결과로 해석하면 된다. 정지하고 있던 물체가 갑자기 움직이기 시작한 경우도 물론 힘이 작용한 결과다.

같은 물체에 힘을 2배, 3배, …, 작용시키면 가속도는 힘에 비례해 2배, 3배, …, 커진다. 또한 두 물체에 똑같은 힘을 작용시키면 가속도는 질량에 반비례해 나타난다는 사실도 알 수 있다. 즉 A라는 물체가 B라는 물체보다 질량이 2배 큰 경우 만일 같은 힘을 받는다면 A가 갖는 가속도는 B가 갖는 가속도에 비해 절반밖에 되지 않는다는 말이다.

이것을 정리한 것이 바로 뉴턴의 운동 법칙이다. 즉 힘을 F, 질량을 m, 가속도를 a라고 하면 뉴턴의 운동 법칙은 방정식

$$F = ma \qquad (8)$$

로 주어진다. 식 (8)은 등식 $C=AB$의 형태를 갖는다. $C=0$이면 $A=0$이거나 $B=0$이고, $C \neq 0$이면 $A \neq 0$이고 $B \neq 0$이다. 그런데 중·고등학교 과학에서 질량이 0인 경우는 절대로 다루지 않으므로, 우리는 식 (8)로부터 $F=0$이면 곧 $a=0$이고, $F \neq 0$이면 $a \neq 0$이라는 사실을 알 수 있다. 이 개념은 대단히 중요한 의미를 지닌다.

예를 들어, [그림 3]에서처럼 오른쪽에서 왼쪽 방향으로 진행하면서 오른쪽 방향으로 일정한 힘을 계속 받은 결과 오른쪽 방향으로 되돌아가는 A→B→C→D→E→F→G와 같은 물체의 운동을 생각해 보자.

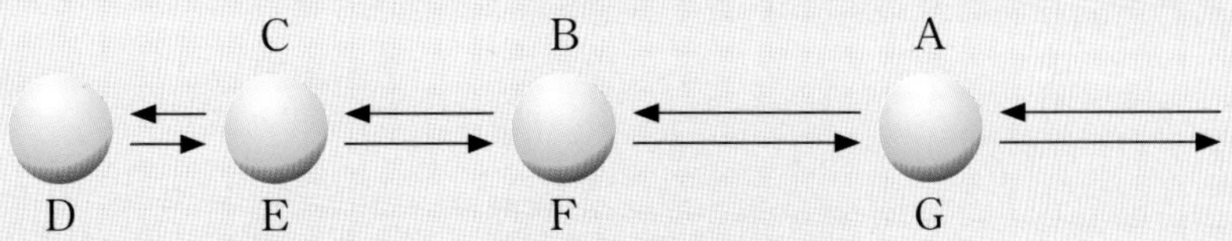

[그림 3] 힘을 받는 물체의 운동

여기서 일정한 힘이란 예를 들어 물체를 오른쪽 방향으로 계속 밀고 있는 손가락을 생각하면 된다. 언뜻 생각하면 D점에서 물체가 힘을 안 받는 것처럼 보이나 그렇지 않음에 유의해야 한다. 만일 물체가 D점에서 힘을 안 받는다면 물체는 그 자리에 정지해야 될 것이다. 왜냐하면 힘의 작용이 중단됐다면 물체가 D→E→F→G와 같이 운동을 계속할 이유가 없기 때문이다. 일정한 힘이 계속 작용했으므로 힘의 방향도 A–G점 중 어디에서나 같아야 한다. 따라서 식 (8)에 의해 가속도 역시 어디서나 같아야 한다. 즉 [그림 3]과 같은 운동을 하는 물체는 등가속도 운동을 하고 있다는 것을 알 수 있다.

외부로부터 힘이 작용하지 않으면 정지해 있는 물체는 계속 정지해 있고 운동하는 물체는 계속 직선 운동을 언제까지나 계속한다. 즉 어느 경우든 등속도 운동을 하게 된다. 앞에서 언급하였듯이 등속도 운동에는 물체가 정지해 있는 경우도 포함돼 있음에 유의하자. 이는 물론 식 (8)에서 $F=0$이면 $a=0$이기 때문이다. 이것을 **관성의 법칙**이라고 한다.

질량이 1kg인 물체가 1m/초^{2}의 가속도를 갖도록 만들어 주는 힘의 크기를 1Newton, 질량이 1g인 물체가 1cm/초^{2}의 가속도를 갖도록 만들어 주는 힘의 크기를 1dyne 이라고 각각 정의한다. 즉 1Newton=1kg·m/초^2, 1dyne=1g·cm/초^2 이다. 따라서 1 Newton=1000g·100cm/초^2=10^5dyne 이다.

2. 중력

뉴턴의 만유인력 법칙에 의하면 질량이 각각 m_1, m_2인 두 물체가 [그림 4]처럼 거리 r 만큼 떨어져 있으면 그 사이에는

$$F = \frac{Gm_1 m_2}{r^2} \qquad (9)$$

로 계산되는 인력이 작용한다. 여기서 등식을 유지시켜 주는 상수 G를 만유인력 상수 또는 흔히 **중력 상수**(gravitational constant)라 부른다. 단위는 F가 g·cm/초^2 이므로 G의 단위는 cm^3/(g·초^2)가 되고 그 값은 $G \simeq 6.67 \times 10^{-8}$이 된다. 예를 들어, 질량 100g짜리 물체 2개가 1cm 거리로 떨어져 있을 때 작용하는 만유인력의 크기는 $F \simeq 6.67 \times 10^{-4}$dyne이 되는 것이다.

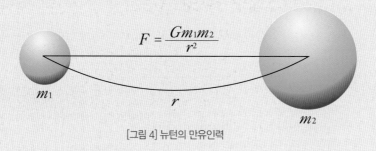

[그림 4] 뉴턴의 만유인력

따라서 질량이 m인 어떤 물체와 질량이 $M_\oplus$인 지구 사이에도 [그림 5]에서 보는 바와 같이

$$F = \frac{GM_\oplus m}{R_\oplus^2} \qquad (10)$$

인 만유인력이 작용한다. 여기서 $R_\oplus$은 지구의 반지름이다. 여기서 지구의 질량이 마치 지

구의 중심에 다 모아져 있는 듯이 만유인력이 작용하고 있음에 유의하자.

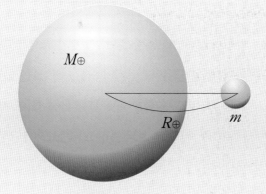

[그림 5] 지구와 물체 사이의 만유인력

　　물체도 만유인력 법칙에 따라 지구를 끌고 있지만 지구의 질량이 비교가 안 될 정도
로 워낙 크기 때문에 물체가 지구의 중심 방향을 향해 일방적으로 잡아당겨지는 것이다.
이것이 바로 질량 인 물체가 지구 표면에서 받는 중력이다.

　　우리의 체중이란 우리를 지구가 중심 방향으로 당기는 힘인 것이다. 중력도 힘이므로
그것에 상응하는 가속도, 즉 **중력 가속도**가 존재할 것이다. 중력을 F, 중력 가속도를 g라
하면 질량이 m인 물체는 뉴턴의 운동 법칙에 의해

$$F = mg \qquad (11)$$

의 힘을 지구 중심 방향으로 받는 것이다. 이 힘 때문에 물체를 공기 중에서 낙하시키면
밑으로 떨어진다. 이 때 물체는 점점 더 빨라지게 되는데, 이것이 바로 중력 가속도가 존
재한다는 증거이다. 중력 가속도의 크기는 누구나 일상 경험을 통해 잘 알고 있다. 만일
물체가 경험적으로 우리가 아는 중력가속도보다 덜 가속돼 떨어진다면, 즉 더 천천히 떨

어진다면 우리는 누가 끈에 물체를 잡아매어서 천천히 내리는 것으로 생각하게 된다. 우리가 잘 아는 그 가속도의 크기가 $g \simeq 980 \mathrm{cm}/초^2$이다. 지구가 아닌 다른 천체에 가면 바로 이 값이 변하므로 사람은 체중이 가벼워지거나 무거워지는 것이다.

그러면 충분히 높은 건물 옥상에서 물체를 **자유 낙하**시킨 뒤 속도와 낙하거리는 어떻게 변하는지 알아보자. 중력 가속도는 상수이므로 물체는 등가속도 운동을 한다. 물체를 던지지 않고 살짝 놓아 자유 낙하시키는 옥상의 위치를 원점으로 잡고 위 방향으로 y-축의 양의 방향을 잡자. 그러면 중력 가속도는 밑을 향하므로 $a = a_0 = -g$가 될 것이다. 이 경우, $v_0 = 0$, $y_0 = 0$이므로 식 (4), (6), (7)은

$$a = -g \qquad (12)$$

$$v = -gt \qquad (13)$$

$$y = -\frac{1}{2}gt^2 \qquad (14)$$

가 된다.

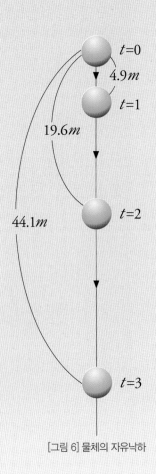

따라서 [그림 6]에서 보는 바와 같이 물체는 1초 후 속도는 $v = -980 \times 1 = -980 \mathrm{cm}/초(-9.8\mathrm{m}/초)$, 낙하거리는 $y = -\frac{1}{2} \times 980 \times 1 = -490 \mathrm{cm}(-4.9\mathrm{m})$가 되고, 2초 후 속도는 $v = -980 \times 2 = -1960 \mathrm{cm}/초(-19.6\mathrm{m}/초)$, 낙하거리는 $y = -\frac{1}{2} \times 980 \times 4 = -1960 \mathrm{cm}(-19.6\mathrm{m})$에 이르며, 3초 후 속도는 $v = -980 \times 3 = -2940 \mathrm{cm}/초(-29.4\mathrm{m}/초)$, 낙하거리는 $y = -\frac{1}{2} \times 980 \times 9 = -4410 \mathrm{cm}(-44.1\mathrm{m})$에 이

[그림 6] 물체의 자유낙하

른다.

 물체를 연직 위로 던지면 물체는 [그림 3]을 90도 돌려놓은 것과 똑같이 등가속도 운동을 한다. 즉 어느 높이까지 도달하였던 물체는 다시 내려오게 되는 것이다. 여기서도 일정한 중력 가속도 g가 계속 작용한 결과 올라가던 물체가 방향을 바꿔 다시 내려오게 되는 것임을 알 수 있다. 지구 표면에서 연직 방향으로 v_0의 속도로 던져진 물체는 어떤 운동을 하게 되는지 알아 보자. 중력가속도의 방향(즉 아래 방향)을 (−)로 잡으면 물체는 위 방향으로 던져졌으므로 초속도는 (+) 값을 갖는다. 따라서 우리는 식 (4), (6), (7)에 $y_0 = 0$을 대입해

$$a = -g \qquad (15)$$

$$v = -gt + v_0 \qquad (16)$$

$$y = -\frac{1}{2}gt^2 + v_0 t \qquad (17)$$

을 얻게 되고 물체는 이 세 방정식으로 기술된다.

 물체의 무게 W는 식 (11)에 의해

$$W = mg \qquad (18)$$

로 주어진다. 그런데 이것은 바로 식 (10)과 같아야 하므로 우리는

$$mg = \frac{GM_\oplus m}{R_\oplus^2}$$

을 얻는다. 양변에서 m을 소거해서 정돈하면

$$M_{\oplus} = \frac{gR_{\oplus}^2}{G} \qquad (19)$$

과 같이 지구의 질량을 구할 수 있다. 실제로 식 (19)에 측정값인 $R_{\oplus} \simeq 6.4 \times 10^8 \, \text{cm}$ 와 $G_{\oplus} \simeq 6.7 \times 10^{-8} \, \text{cm}^3/(\text{g} \cdot \text{초}^2)$을 대입하면 지구 질량 $M_{\oplus}$은

$$M_{\oplus} \simeq \frac{980 \times (6.4 \times 10^8)^2}{6.7 \times 10^{-8}} \simeq 6 \times 10^{27} (\text{g})$$

처럼 구할 수 있게 된다.

3. 천체 역학

근세 초 케플러는 다음과 같은 세 가지 **행성운동의 법칙**을 발표했다.

1. **타원 궤도의 법칙 :** 행성은 해 주위를 타원을 그리며 공전하고 있다. 타원에는 2개 의 초점이 있는데, 해는 이 중 어느 하나에 위치한다.
2. **면적 속도 일정의 법칙 :** 행성은 해에서 가까울 때 빨리 공전하고 멀 때 느리게 공전 한다. 그리하여 행성과 해를 이은 직선이 같은 시간 동안 휩쓰는 면적은 언제나 일 정하다.
3. **조화의 법칙 :** 행성 궤도의 장반경을 a , 공전 주기를 P 라고 하면 모든 행성에 대해 P^2을 a^3으로 나눈 값은 일정하다.

$$\frac{P^2}{a^3} = 상수 \qquad (20)$$

첫째 법칙은 천문학사에서 매우 중요한 의미를 갖는다. 왜냐하면 당시의 모든 사람들 은 행성이 원 궤도를 그린다고 믿고 있었기 때문이었다. 원은 옛날부터 '완전한 도형' 같 은 이미지를 지니고 있었다. 그러한 원 궤도의 '신앙'을 혼자서 과감히 부정하고 타원 궤도 이론을 주장한 데에서 케플러의 천재성이 발휘되기 시작한다. 어쩌면 세 법칙 중 가장 가 치 있는 것인지도 모른다.

둘째 법칙은 독자가 직접 손가락으로 [그림 7]의 궤도에서 행성의 공전을 흉내내 보면 (즉 해에 가까이 접근했을 때는 손가락을 빨리 움직이고 해로부터 멀어졌을 때는 손가락을 천천히 움직여 보면) 이해하기가 쉬워질 것이다. 행성의 궤도상에서 해에 가장 가까운 점을 **근일점**, 가장 먼 점을 **원일점**이라고 한다. 따라서 행성은 근일점에서 가장 빨리 운동하고 원일점에서 가장 느리게 운동한다.

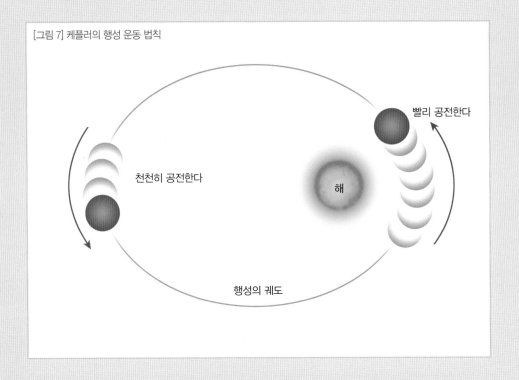

[그림 7] 케플러의 행성 운동 법칙

빨리 공전한다

천천히 공전한다

해

행성의 궤도

셋째 법칙을 이해하기 위해서 공식을 직접 유도해 보기로 하자. 타원 운동의 경우 케플러 법칙을 유도하는 것은 어려우므로 여기서는 원운동을 하는 행성의 경우에 국한해 살펴보자.

먼저 **등속 원운동**에 관해 알아보기도 하자. 질량 m인 물체가 일정한 속력 v로 반지름이 r인 원운동을 하고 있는 경우 작용하는 **원심력** F는

$$F = \frac{mv^2}{r} \qquad (21)$$

로 주어진다. 식 (21)에서 알 수 있듯이 질량이 2배, 3배, …, 커지면 원심력은 비례해 2배, 3배, …, 커지고, 속력이 2배, 3배, …, 커지면 원심력은 제곱에 비례해 4배, 9배, …, 커진다. 또한 반지름이 2배, 3배, …, 커지면 원심력은 반비례해 2배, 3배, …, 작아진다.

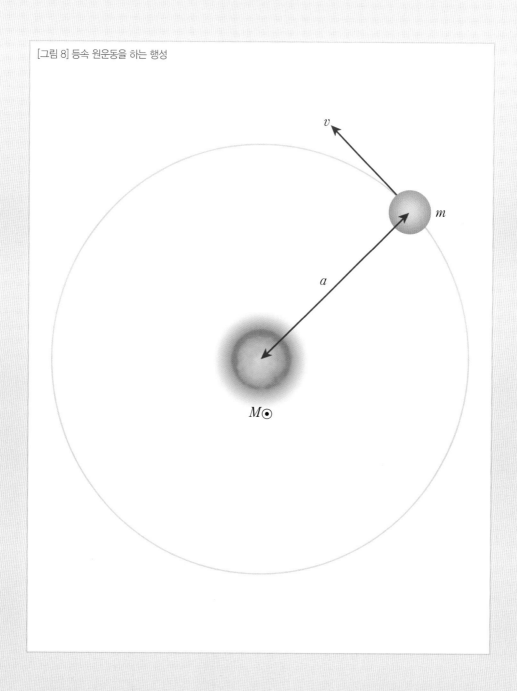

[그림 8] 등속 원운동을 하는 행성

행성이 [그림 8]에서처럼 등속 원운동을 하며 안정된 궤도로 해를 공전하는 경우 해
가 잡아당기는 **구심력**과 방금 알아 본 원심력은 크기가 서로 같다.

만일 구심력이 크면 행성은 해 쪽으로 더 가까워져야 하고, 원심력이 크면 행성은 해로부터 더욱 멀어져서 안정된 궤도를 이루지 못하게 된다. 따라서 [그림 8]에서처럼 해의 질량을 $M_\odot$, 행성의 질량을 m, 행성의 속력을 v, 행성 궤도의 반지름을 a라고 하면 식 (9), 식 (21)로부터

$$\frac{mv^2}{a} = \frac{GM_\odot m}{a^2}$$

을 얻을 수 있으며 이 식을 정돈하면

$$v^2 = \frac{GM_\odot}{a} \qquad (22)$$

가 된다.

행성의 공전 주기를 P라 하면 v는 공전 궤도의 길이, 즉 원주의 길이 $2\pi a$를 P로 나눈 값이 돼야 하므로 식 (22)는

$$\left(\frac{2\pi a}{P}\right)^2 = \frac{GM_\odot}{a}$$

가 되고 정돈하면

$$\frac{P^2}{a^3} = \frac{4\pi^2}{GM_\odot} = 상수 \qquad (23)$$

즉 케플러 법칙 식 (20)을 얻게 된다. 그런데 식 (23)에서 만일 우리가 $M_\odot = 1$로 놓고 P의 단위로 년, a의 단위로 AU를 사용하면 단순하게

$$P^2 = a^3 \qquad\qquad (24)$$

이 된다. 즉 식 (23)의 상수는 마술처럼 1이 된다. 지구의 경우 $P=1$, $a=1$이므로 이는 쉽게 확인된다. 또 예를 들어 목성의 경우 $P=11.86$, $a=5.20$이므로 식 (20)의 양변은 140.6 정도로 같아진다. 식 (23)이 우리 태양계의 경우 식 (24)처럼 간단해지는 것은 물론 단위들이 그렇게 정의되었기 때문이다.

지구가 현재의 공전궤도를 유지하고 있는 상태에서, 그럴 리는 없지만 갑자기 해의 질량이 4배로 불어났다고 가정해 보자. 그러면 지구의 공전 주기에는 어떤 변화가 일어나야 현재의 공전 궤도를 유지할 수 있을지 생각해 보자. 해의 질량이 갑자기 늘어났다는 말은 해의 중력이 더욱 강해졌다는 이야기이다.

이렇게 구심력이 더욱 강해진 상태에서 지구가 궤도를 유지하는 길은 더욱 빨리 공전해 원심력을 증가시켜서 대항하는 수밖에 없다. 즉 지구의 공전 주기는 짧아져야 한다. 이는 식 (23)을 제대로 이해한 사람이면 암산으로도 계산이 가능하다. 식 (23)에서 $M_\odot=4$로 놓고 P의 단위로 년, a의 단위로 AU를 사용하면 식 (23)은 단순히

$$4P^2 = a^3 \qquad\qquad (25)$$

이 된다. a는 변하지 않고 여전히 1이므로 식 (25)로부터 우리는 $P\frac{1}{2}$을 얻는다. 즉 이 경우 지구가 두 배로 빨라져야만 공전 궤도를 유지하게 된다는 뜻이다.

이제 이야기를 **인공위성**으로 확장해 보자. 지구 둘레를 [그림 9]에서처럼 등속 원운동하는 인공위성을 생각해보자. 인공위성의 속력을 v라고 하고 원궤도의 반지름을 a라하면 식 (22)와 비슷하게

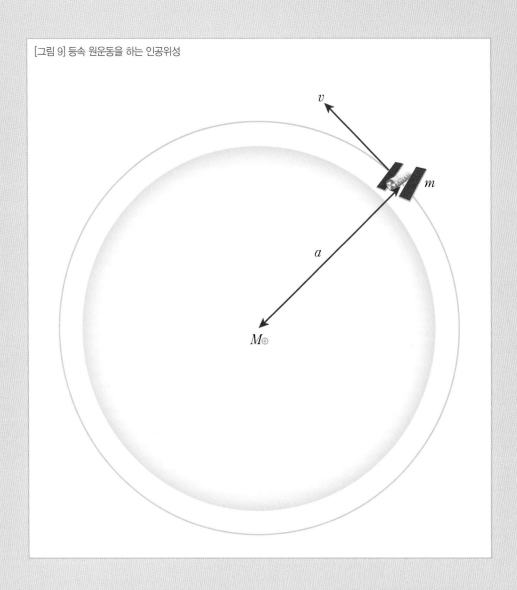

[그림 9] 등속 원운동을 하는 인공위성

$$v^2 = \frac{GM_\oplus}{a} \qquad (26)$$

를 얻을 수 있다.

따라서 지구 표면의 바로 위에서는 $a \simeq R_\oplus \simeq 6.4 \times 10^8 \mathrm{cm}$를 만족하므로

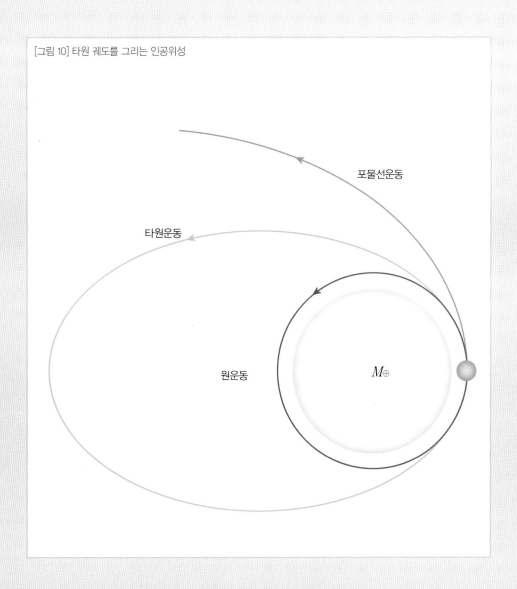

[그림 10] 타원 궤도를 그리는 인공위성

포물선운동

타원운동

원운동

$M_\oplus$

$$v^2 \simeq \frac{6.4 \times 10^{-8} \times 6 \times 10^{27}}{6.4 \times 10^8} \rightarrow v \simeq 7.9 \text{km/초} \qquad (27)$$

가 된다. 즉 인공위성은 이 정도의 속도를 유지해야만 지구 표면으로 떨어지지 않고 등속 원운동을 계속 할 수 있다.

인공위성이 식 (27)의 속도보다 조금 더 빠른 초속도를 가지고 발사되면 어떻게 될까 생각해보자. 인공위성은 그대로 원 궤도를 이탈해 지구로부터 탈출하게 될 것 같지만 사실은 그렇지 않다. 우리 지구의 경우 **탈출속도**

$$v \simeq 11.2 \text{km/초} \qquad (28)$$

에 이르기 전에는 결국 [그림 10]에서처럼 타원 궤도를 그리며 지구로 끌려 돌아오게 된다. 탈출속도에 이르러서야 인공위성은 비로소 포물선을 그리며 지구를 영원히 떠나게 되는 것이다. 식 (28)의 탈출속도는 식 (27)의 원운동속도에다 $\sqrt{2}$ 를 곱해서 얻어지는데 이는 좀 더 어려운 계산을 통해 증명된다.

찾아보기

ㄱ

가속도 acceleration · 122

개기월식 total lunar eclipse · 86

개기일식 total solar eclipse · 84

경도 longitude · 12

고도 altitude · 12

관성의 법칙 law of inertia · 127

구심력 centripetal force · 135

그믐달 waning crescent moon · 78

근일점 perihelion · 133

금성 Venus · 94

금환일식 annular solar eclipse · 85

ㄴ

내합 inferior conjunction · 95

내행성 interior planet · 95

뉴턴의 운동 법칙 Newton's laws of
motion · 122

뉴턴의 만유인력 법칙 Newton's law of
universal gravitation · 128

ㄷ

달력 calendar · 88

동방 최대이각 eastern greatest
elongation · 98

동지 winter solstice · 49

등속도 운동 uniform motion · 122

등속 원운동 uniform circular
motion · 135

등가속도 운동 motion of uniform
acceleration · 124

ㅁ

목성 Jupiter · 94, 102

명왕성 Pluto · 94

ㅂ

방위각 azimuth · 12

백도 moon's path · 73

보름달 full moon · 77

부분월식 partial lunar eclipse · 86

부분일식 partial solar eclipse · 84

북극성 Polaris · 15, 17

ㅅ

삭망월 synodic month · 88

상현달 first quarter moon · 78

서방 최대이각 greatest western

   elongation · 98

수성 Mercury · 94

순행 direct motion · 103

ㅇ

양력 solar calendar · 88

역행 retrograde motion · 103

연주운동 annual motion · 36

외합 superior conjunction · 95

외행성 superior planet · 95

원심력 centrifugal force · 134

원일점 aphelion · 133

월식 lunar eclipse · 86

위도 latitude · 12

윤년 leap year · 89

은하 galaxy · 116

음력 lunar calendar · 88

인공위성 artificial satellite · 137

일식 solar eclipse · 84

일주운동 diurnal motion · 26

ㅈ

자오선 meridian · 22

자유 낙하 free fall · 130

적경 right ascension · 56

적도 좌표계 equatorial coordinate

   system · 56

적위 declination · 56

중력 gravitation · 128

중력 가속도 gravitational

   acceleration · 129

중력 상수 gravitational constant · 128

지평선 horizon · 10

지평 좌표계 horizontal coordinate

   system · 12

ⓧ

천문단위 Astronomical Unit · 94

천왕성 Uranus · 94

천정 zenith · 10

초승달 crescent moon · 78

최대이각 greatest elongation · 98

추분 autumn equinox · 49

춘분 vernal equinox · 49

ⓔ

탈출속도 escape velocity · 140

태양일 solar day · 38

토성 Saturn · 94

ⓟ

평년 ordinary year · 89

ⓗ

하지 summer solstice · 48

하현달 last quarter moon · 78

합 conjunction · 95

항성일 sidereal day · 38

항성월 sidereal month · 88

해왕성 Neptune · 94

화성 Mars · 94

황도 ecliptic · 48

황도 12궁 signs of zodiac · 55

회합 주기 synodic period · 96